GSI · GUNSIGHT · INTERNATIONAL

GSI- Gunsight International은
에어소프트건 사용과 판매의 축적된 노하우를 바탕으로 에어소프트건 게임어와 수집가의 "퍼포먼스"와 "내구성", "실용성" 향상에 기여하는 제품을 생산하는
건사이트의 자체 브랜드입니다.

Non Tilting Outer Barrel

에어소프트건에 틸팅이 되지 않게 설계함으로서 리얼리티에는 영향이 있지만 소음기와 오토 트레이서 장착시에도 부드러운 작동이 가능합니다.
추가적으로 이너바렐을 연장이 가능하며, 격발시 아웃바렐과 이너바렐을 일정한 위치에서 BB탄이 나갈수 있도록 설계하여, 집탄증가 효과도 볼수 있습니다.

	적용 가능 모델	바렐 색상	칼라파트 색상
MARUI	GLOCK 19X	BLACK	RANDOM
	45CT	BLACK	*모델별 제품 상이, 홈페이지 참조
		BLACK	
	GLOCK17 Gen5	METAL GRAY, SILVER	
		SILVER, BLACK	
	GLOCK 19	SILVER, BLACK	
	GLOCK 17 Gen4	SILVER, BLACK	
	M&P9	GOLD, SILVER, BLACK	
	M&P 9L	GOLD, SILVER, BLACK	
	P226 Series	SILVER, BLACK	
	HK45 Series	GOLD, SILVER, BLACK	
WE / KJW / EMG	GLOCK 45	GOLD, SILVER, BLACK	
	GLOCK G34	GOLD, SILVER, BLACK	
	GLOCK 22	GOLD, SILVER, BLACK	
	GLOCK G19	GOLD, SILVER, BLACK	
	GLOCK 19	GOLD, SILVER, BLACK	
	GLOCK 18	GOLD, SILVER, BLACK	
	GLOCK 17	GOLD, SILVER, BLACK	

Rifle Parts
[COLOR PART, BARREL EXTENSION, OUTER BARREL, BUFFER/RECOIL]

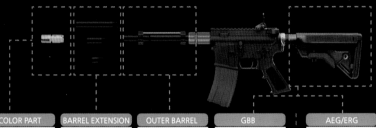

COLOR PART	BARREL EXTENSION	OUTER BARREL	GBB	AEG/ERG
NEW GSI 감속기 칼라파트 겸용	바렐 익스텐션 20mm 연장	ULTRA THIN OUTER BARREL	[2018] NEW 3S Buffer	Power Control Recoil Weight
색상선택[GOLD/RED/BLUE]	[정/역 방향선택]	VFC HK416D AEG [배터리수납]	VFC HK417 /G28 GBBR (Black Special)	KSC/ KWA ERG RM4
NEW GSI 감속기 칼라파트 겸용	바렐 익스텐션 45mm 연장	ULTRA THIN OUTER BARREL	[2019] 3S Buffer	Recoil Shock Creation System
(14mm 역/ 정나사 선택)	[정/역 방향선택]	M4 AEG[배터리 수납]	VFC/ WA/ G&P/ WE / ViPER M4 [STEEL]	VFC M4/ VR16 AEG [For QD type-스프링 원치향용]
GSI 감속기 칼라파트 겸용	바렐 익스텐션 115mm 연장	ULTRA THIN OUTER BARREL	[2018NEW] 3S Buffer	Recoil Shock Creation System
14mm 역/ 정나사 선택)	[정/역 밧향선택]	KWA FRG M4[배터리 수납]	MARUI M4 (Black Special)	VFC, M4/ HK416 / SR16 AEG(스프링 선택)

COMPENSATOR
for GSI Barrel Series
외관 장식을 돋보이게 해줍니다.

UNDER RAIL
for FULL SIZE USP
알루미늄 소재로 가볍고 견고하며 하부 프레임과
최대한 밀착하여 광학기기 장착시 일체감이 뛰어납니다.

적용 가능 모델	GLOCK Series	UMAREX USP	적용 가능 모델	Only UMAREX USP
*모델별 제품 상이, 홈페이지 참조			*모델별 제품 상이, 홈페이지 참조	

순정 전용 가스 밸브 / 순정 밸브

GSI 파워가스 전용 밸브 / GSI 파워밸브

강도는 높이고, 효율은 증대 하였습니다
동일 조건에서 파워와 반동 증가에 확실한 효과!
스테인레스로 제작하여 오랜 사용에도 변동이 없습니다.

적용 가능 모델		
VFC GLOCK Series	MARUI M1911	MARUI MEU
MARUI HI-CAPA	MARUI DETONICS 45	MARUI PX-4
*모델별 제품 상이, 홈페이지 참조 MARUI M9A1	MARUI M9	MARUI DESERT EAGLE
MARUI HK45	MARUI GLOCK Series	STARK ARMS GLOCK Series
WE GLOCK Series	KSC System7	

SNIPER Rifle Parts
[SPRING GUIDE, TRIGGER GUARD, SPRING]

VSR-10 스프링 가이드 11mm	VSR-10 스프링 가이드 13mm	VSR-10 QD Trigger Guard	Air Cocking Sniper Rifle VS200	Air Cocking Sniper Rifle VS180	Air Cocking Sniper Rifle VS160	Air Cocking Sniper Rifle VS150	Air Cocking Sniper Rifle VS130
권장 소비자가 20,000원	권장 소비자가 20,000원	권장 소비자가 99,800원	권장소비자가격 15,000원	권장소비자가격 15,000원	권장소비자가격 15,000원	권장소비자가격 15,000원	권장소비자가격 15,000원

에어 소프트 해체신서

The Book of Toyguns Disassembly

배럴, 기어박스, 블로우백 엔진…

~에어소프트건의 분해 조립 전 주의점~

- 이 책은 에어소프트의 분해나 개조를 권장하지 않습니다. 구조를 이해하고 지식을 쌓기 위해 만들었습니다.
- 분해할 경우 메이커나 판매점의 보증을 못 받게 됩니다.
- 본 책에 게재된 모든 에어소프트건의 분해 및 조립방법은 100% 보장된 것은 아닙니다. 제품의 개체차, 혹은 분해조립을 실시하는 사람의 기술등에 따라 분해조립이 제대로 안될 수도 있습니다. 모든 과정은 확인을 밟아 분해를 실시하는 분의 책임하에 실시하시기 바랍니다.
- 본 책에 게재된 분해조립 순서는 편집부가 독자적으로 구성한 것이므로 메이커의 규정, 혹은 설명서에 기재된 것과 다른 부분도 있습니다.
- 본 책에 게재된 내용은 2019년 기준의 것입니다. 예고 없이 구조나 사양, 명칭이 변경될 수도 있습니다. 또한 메이커에 따라 절판된 제품도 있을 수 있습니다. 양해 부탁드립니다.
- 에어소프트건의 커스텀을 실시할 경우 법률에 규정된 파워 범위를 지켜주시기 바랍니다.
- 본 책에 기재된 기사및 사진등의 무단전재를 금지합니다.

✅ 에어소프트 분해/조립의

기 초 지 식

에어소프트건의 개조나 개량 등 커스텀 작업에 분해조립은 빼놓을 수 없는 과정이다. 하지만 외관은 실총을 충실하게 재현했다 쳐도 내부 구조는 에어소프트건으로서의 재구성이 되어있을 수 밖에 없다. 따라서 실총보다 분해조립이 더 까다롭다. 여기서는 제품들을 수없이 분해하고 조립해 온 경험 많은 필자들의 경험을 토대로 여기에 필요한 기초지식을 정리해 보았다. 이것은 에어소프트의 구조를 이해하는 데에도 도움이 될 것이다.

TEXT: 毛野ブースカ

⟫ 에어소프트 분해조립의 필수품 (준비편) ⟫

1▶ 마음가짐

●자신의 역량을 파악하고 감안할 것
자신의 역량이란 에어소프트 분해조립의 경험은 물론이고 플라모델부터 자동차, 모터사이클, 무선모형 등 다양한 물건의 구조나 공정을 이해하고 공구를 다뤄 뭔가를 다룰 수 있는지를 뜻한다. 만약 이런 부분에 아무래도 자신이 없다면 분해 및 조립을 하지 않는 편을 추천한다.

●분해조립은 당사자의 책임
많은 메이커 혹은 건샵들은 트러블이 생기거나 파손이 발생하면 수리해 준다고 보면 된다. 하지만 그 대부분은 무개조 상태거나 소비자가 함부로 손대지 않았을 때의 이야기다. 섣불리 분해나 조립을 하면 메이커 혹은 샵의 보증이나 수리를 받지 못하게 될 수도 있다. 메이커마다, 샵마다 대응은 다르지만 제품의 분해 및 조립은 원칙적으로 당사자 자신이 일정부분 책임을 져야 한다.

⟫ 에어소프트 분해조립의 필수품 (준비편) ⟫

2▶ 분해-조립에 필요한 기본적 공구

에어소프트 분해/조립에 꼭 필요한 것이 바로 공구다. 실총에서는 최대한 공구 없이도 분해와 조립이 가능한 것을 목표로 하며 아예 공구 없이도 분해조립 되는 기종들도 있으나 에어소프트는 이야기가 전혀 다르다. 물론 에어소프트용 공구라 해도 나사등 대부분이 일반 공업규격이므로 쉽게 시중에서 구입할 수 있다. 취미 수준이라면 그렇게 구입한 것들로도 충분하다. 여기서는 필자가 그 동안 실제로 사용해 왔던 공구들을 소개할까 한다. 참고로 에어소프트 전용으로 개발된 나사나 볼트, 부품들을 위한 공구에 대해서는 10페이지를 참조하시기 바란다.

➡ 육각 렌치

 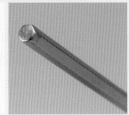

육각 렌치도 에어소프트 분해조립에 많이 쓰이는 도구다. 마이너스 드라이버와 함께 실총과 에어소프트 모두에 자주 사용된다. 에어소프트에는 작은 나사가 많이 쓰이므로 1.5mm, 2mm, 3mm 등의 렌치를 갖춰놓자.

육각 나사는 에어소프트건에서 소염기 고정에 특히 많이 쓰인다.

➡ 플러스(+) 드라이버

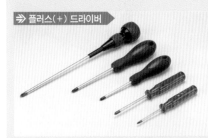

십자(플러스. +) 나사는 전동건 그립 아래나 기이빅스등의 고정에 쓰일 때가 많다.

플러스(+)드라이버, 혹은 십자 드라이버는 마이너스 드라이버와 함께 아주 일반적인 공구다. 나사의 사이즈를 감안해 여러 크기의 드라이버를 미리 갖춰놓고 길이도 다양하게 준비하는 것이 바람직하다.

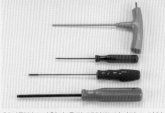

일반적인 L자형의 육각 렌치뿐 아니라 드라이버처럼 생긴 직선형 육각 렌치도 있다. 이런 것은 깊숙이 박혀있는 육각 나사를 푸는데 쓴다.

미국제의 실총용 부품에는 인치 규격 육각 나사를 많이 쓴다. 여기에 대응하기 위한 인치 규격 렌치도 필요하다.

➡ 마이너스(-) 드라이버

마이너스 나사는 탈착식 가늠자나 그립 고정에 주로 사용된다.

마이너스 드라이버, 혹은 일자(-) 드라이버는 실총에서 가장 자주 사용되는 도구이기도 하다. 에어소프트건에서도 자주 사용된다. 플러스 드라이버와 마찬가지로 다양한 사이즈로 준비해야 한다.

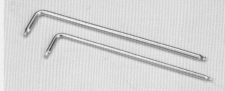 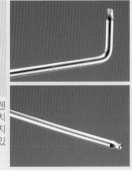

에어소프트에 많이 쓰이는 무두형 육각 나사는 나사의 홈이 렌치로 인해 뭉게지기 쉽다. 나사 머리가 튀어나온 경우라면 펜치 등으로 잡아 돌릴 수 있지만 평두형 나사는 표면에 튀어나오지 않으니 그럴 수도 없다. 이 때는 뭉게진 홈에 넣어도 돌릴 수 있을법한 모양의 헤드를 갖춘 렌치(아래 사진)를 사용하면 좋다.

➡ 정밀 드라이버

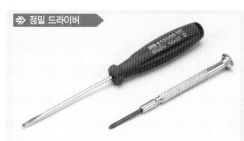

작은 부품이 많은 에어소프트건에 필요한 도구가 작은 나사를 돌리는 정밀 드라이버(시계 드라이버)다. 특히 많이 쓰이는게 작은 플러스 나사로, 플러스(십자) 정밀 드라이버를 여러 사이즈로 갖춰놓는 것이 좋다.

➡ 톡스(Torx) 렌치

톡스 렌치, 혹은 별렌치는 6각형 별모양 홈이 파인 나사(일명 별나사)를 풀기 위한 도구다. 에어소프트건에서 주로 마루이 전동건의 기어박스 고정에 많이 쓰인다. 전동건 기어박스를 분해조립할 때 필요하다.

기어박스 고정나사를 다루는데 톡스 렌치를 쓸 일이 많을 것이다.

➡ 핀 펀치

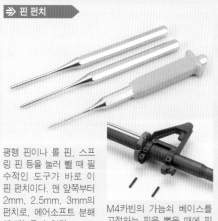

평행 핀이나 롤 핀, 스프링 핀 등을 눌러 뺄 때 필수적인 도구가 바로 이 핀 펀치이다. 맨 앞쪽부터 2mm, 2.5mm, 3mm의 펀치로, 에어소프트 분해에 빼놓을 수 없다.

M4카빈의 가늠쇠 베이스를 고정하는 핀을 뽑을 때에 핀 펀치가 필수품이다.

➡ 플라스틱 망치

마루이 KSG의 칙 피스(뺨받침)를 뒤로 밀어낼 때 플라스틱 망치가 쓸모가 있다.

플라스틱 망치는 때리는 부분이 금속이 아닌 수지로 만든 것이다. 플라스틱 부속이 많은 에어소프트건에 최대한 충격을 덜 주고 두드리기 위한 것이다. 핀 펀치를 두드릴 때에도 요긴하게 쓰인다.

➡ 라디오 펜치

라디오 펜치(롱노즈 플라이어)는 가느다란 부품을 집거나 볼트를 돌리는 등의 용도에 쓰인다. 일반 펜치와 달리 끝이 가늘고 길기 때문에 나사 고정제등으로 굳어버린 부품을 잡아 빼는등의 작업에도 요긴하게 쓰인다.

➡ 핀셋

작은 부품을 집을 때에 필요한 것이 핀셋이다. 앞이 꺾인 것과 곧은 것이 있다. 고를 때에는 앞에 미끄럼 방지 홈이 파여있고 끝이 제대로 닫히는 것을 골라야 한다.

➡ 나사 미끄럼 방지액

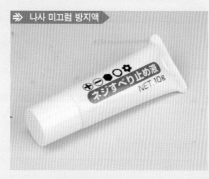

육각 나사의 홈이 뭉게졌을 때 렌치와 함께 사용하면 좋은 것이 나사 미끄러짐 방지액이다. 고운 모래같은 입자가 포함되어 있어 그것으로 미끄러짐을 방지한다. 드라이버나 렌치 끝에 발라주면 끝이 뭉게지려는 나사도 의외로 잘 풀린다. 나사 분위기가 심상찮다 싶을때 이걸 쓰면 좋다.

➡ 매트

기어박스를 분리하거나 부품을 조립할 때 등의 상황에 편리한 것이 이런 매트다. 사진에 나온 Real Avid사의 핸드건 스마트 매트는 고무제로, 칸이 나뉘어 있으므로 분해된 부품을 분류하면서 작업할 때 편리하다.

➡ 벤치 블록

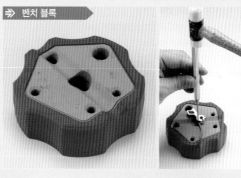

해머 핀이나 트리거 핀 등을 넣고 뺄 때 편리한 것이 실총용의 벤치 블록이다. 사진은 Real Avid 사의 스마트 벤치 블록으로, 몇개의 구멍 위에 부품을 얹으면 작업대에 방해받지 않고 핀을 빼거나 넣을 수 있다.

➡ 트레이

트레이(쟁반)는 분해된 부품을 보관할 때 쓴다. 사진은 금속제이지만 식품 용기나 접시 등도 괜찮다. 또 부품이 섞이지 않게 여러개를 준비하여 나눠 쓰는 것도 좋다.

➡ 페이퍼 타월

페이퍼 타월은 묻어있는 오일이나 그리스를 닦아내거나 깔개 대용으로 쓰는데 요긴하다. 분해조립 뿐 아니라 커스텀 작업에도 편리하므로 늘 주변에 갖춰놓는 편이 좋다.

➡ 파츠(부품) 클리너

파츠 클리너(부품 세척액)는 전동건의 기어등에 부착된 그리스를 떼어낼 때 쓰인다. 원래는 자동차나 모터사이클 부품등의 금속제품을 씻을 때 쓰는 것으로, 수지제 부품에는 쓰지 않는 편이 좋다.

3 ▶ 에어건의 구조를 이해한다

실총의 구조에 가까운 모델건과 달리 에어건은 실총과 다른 독자적인 구조를 가지는 경우가 많다. 에어건의 구조는 전동건, 가스 블로우백, 비(非) 블로우백, 에어코킹건 등으로 나뉜다. 이들 각각의 구조마다 부품 구성에 일종의 패턴이 있어 분해 조립도 나름 이론이 정립되어 있다. 그 때문에 구조마다 그 패턴을 이해하면 분해할 때 분해 방법을 대충 머릿속에서 그릴 수 있게 된다. 익숙해지면 어디가 분해조립할 때 중요한지도 대충 상상할 수 있게 된다. 여기서는 각 구조별로 포인트를 소개해 볼까 한다.

⇒ 전동건

포인트

- 기어박스를 들어낼 때에는 리시버 주변의 분해가 필요하다
- 모터는 그립에 내장된 경우가 많다
- 인너 배럴은 리시버를 분해하지 않으면 바깥으로 뽑아낼 수 없는 경우가 많다
- 기어박스는 좌우분할 방식이 많고 버전 2에서 발전된 것이 가장 흔하다
- 기어박스쪽의 스위치와 셀렉터 레버(조정간)를 서로 맞추기 위한 기능(기어, 캠 등)이 추가되어 있다

마루이의 표준형 전동건 M4A1카빈의 부품을 뜯어본 모습. 리시버(몸통) 속에 기어박스가 들어있고, 실총과는 부품 구성이 많이 다르다.

총에 따라 모터 수납장소는 다르지만 가장 일반적인 것이 그립(권총 손잡이) 내부에 들어가는 경우다.

전동건에서 사실상 빠질 수 없는 핵심 부분이 기어박스이다.

대부분의 제품은 리시버 안쪽에 기어박스가 들어있다.

⇒ 가스 블로우백

포인트

- 부품 구성이나 분해 방법이 실총과 비슷하다
- 실린더/피스톤이 슬라이드(볼트/노리쇠)에 내장되어 있다
- 프레임 안쪽에 인너 섀시(프레임)가 들어있는 2중 구조가 많다
- 노커나 밸브 노커, 인너 해머등 가스 분출에 관여되는 부분이 인너 섀시에 내장되어 있다
- 핸드건(권총)의 경우 아우터 배럴과 인너 배럴이 나뉘어 있는 경우가 많다

마루이의 가스 블로우백 제품인 하이캐퍼 D.O.R의 부품을 뜯어본 모습. 실총의 느낌 뿐 아니라 구조도 어느 정도 재현되어 있는 것을 알 수 있다.

가스 블로우백 제품에 빠지지 않는 부품들이 실린더와 피스톤이다.

인너 섀시 안쪽에 노커나 밸브 노커등이 내장되어 있다.

아우터 배럴과 인너 배럴은 별도 부품으로 분리되어 있다.

➡ 논(Non:非) 가스 블로우백

포인트 👆

- 자동권총을 재현한 경우 슬라이드가 프레임에 고정되어있다 (＝슬라이드 고정식)
- 다나카제 리볼버의 경우, 실린더 안에 가스 탱크가 내장되어 있다
- 가스탱크는 그립 안쪽이나 개머리판 안쪽에 내장된 경우가 많다
- 가스 방출 밸브를 때리는 밸브나 스트라이커 기구가 설치되어 있다
- BB탄은 탄창이나 실린더에 장전된다

도쿄 마루이의 소콤 Mk.23의 부품 전개. 슬라이드 고정식 가스건 치고는 부품 숫자가 많으며 가스 블로우백 제품에 가까운 구조를 가지고 있다.

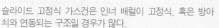

슬라이드 고정식 가스건은 인너 배럴이 고정식. 혹은 방아쇠와 연동되는 구조일 경우가 많다.

도쿄 마루이 M870 택티컬은 리시버 안쪽에 챔버, 스톡(개머리판) 안에 가스탱크가 마련되어 있다.

다나카의 페가서스 시스템을 채택한 가스 리볼버들은 실린더 안쪽에 가스탱크와 가스 방출 밸브가 내장되어있다.

➡ 에어코킹

포인트 👆

- 리시버나 슬라이드, 볼트에 피스톤/실린더가 내장되어 있다
- 볼트액션 라이플은 급탄 방법이 메이커마다 상당히 다르니 주의해야 한다
- 권총은 슬라이드를 움직여 코킹한다
- 산탄총(샷건)은 포어엔드(앞 손잡이)를 움직여 장전하는 펌프액션이 주류
- 어썰트 라이플(돌격소총)이나 샷건은 좌우 분할식 리시버나 인너 섀시를 채택한 경우가 많다

다나카 M700 AIR시리즈의 부품 전개. 에어코킹식의 경우 피스톤과 실린더가 반드시 내장되어있다.

볼트액션 라이플의 경우 실총의 노리쇠에 해당하는 부분에 피스톤/실린더가 설치되어있다.

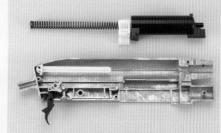

마루젠의 샷건 CA870은 인너 섀시 안쪽에 피스톤과 실린더가 내장되어있다.

권총류는 슬라이드 안에 실린더/슬라이드가 내장되어 있는 경우가 많아 슬라이드도 가동식이 대부분이다.

느긋하고 침착하게 작업하기/서두르지 말 것

토이건에 따라서는 부품 숫자가 많고 조립/분해. 공정이 복잡한 것이 있다. 가느다란 부품을 잃어버리지 않게 주의해야 하는 작업은 의외로 피곤하기 마련이다. 그렇다고 서두르거나 초조해 하면 조금만 긴장을 풀어도 부품을 잃어버리거나 망가트린다. 또한 모든 작업을 끝내는데 몇시간, 반나절 걸리는 경우도 있다. 짧은 시간 안에 끝내려 하지 말고 시간에 여유를 두며 느긋하게 작업할 필요가 있다.

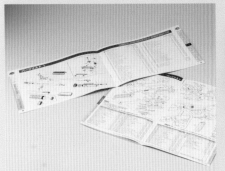
동봉되어있는 취급설명서나 부품 전개도/부품 목록은 귀중한 정보 소스이다. 전체적인 구조나 부품 구성을 이해하기 위해서도 미리 잘 읽어둘 필요가 있다.

분해한 뒤에 이렇게 사진을 찍어두면 아주 좋다. 컴퓨터나 스마트폰에 저장해 놓고 다시 작업할 때 쓰는 것도 좋은 방법이다.

도쿄 마루이 차세대 전동건 SOPMOD M4계열의 버퍼 튜브(스톡봉)은 분해하는데 상당히 주의를 기울일 필요가 있다. 침착하게 작업하지 않으면 전선이 끊어질 수 있다.

전용 공구를 준비한다

M4카빈의 배럴 베이스나 버퍼 링, 가스건의 가스 방출 밸브 분해 등에는 전용 공구를 미리 준비하는 편이 작업 효율이 훨씬 좋다. 또한 전동건의 역회전 방지 래치등을 해제하기 위한 공구는 시판품들 중에는 없기 때문에 철사나 클립등을 가공해 직접 만들어야 한다. 최근에는 기어박스를 분해하지 않고도 스프링을 분리할 수 있거나 역회전 방지 래치가 자동으로 해제되는 제품도 있지만 갖춰 놓으면 나쁠 일은 없다.

에치고야의 M4카빈용 멀티 렌치. 도쿄 마루이 차세대 전동건 M4시리즈나 각사의 전동건 M4용으로 쓰기 위해 배럴 너트, 포어그립, 차세대용 스톡봉등에 사용할 수 있다.

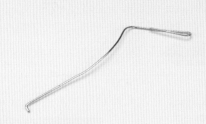
클립이나 철사등으로 직접 만든 역회전 방지 래치 해제용 공구. 너무 소재가 부드러우면 쓸모가 없으므로 어느 정도 단단한 소재를 사용하기 바란다.

KSC의 밸브 렌치는 각사의 가스 방출 밸브나 가스 주입 밸브의 분해조립에 쓸모가 있다.

나사나 핀의 종류를 기억해 둘 것

에어소프트에는 나사나 핀이 많이 사용된다. 나사들 중 조심해야 할 것이 태핑 나사이다. 돌려서 박아 넣으면 직접 나사홈을 파면서 고정되지만 여러번 넣고 빼면 나사홈이 깎이면서 고정이 불가능해진다. 또 나사 머리의 크기에 맞는 드라이버나 육각렌치를 써야 한다. 크기가 맞지 않는 드라이버나 렌치를 쓰다가 나사 구멍이 뭉개져 버릴 수 있다. 한 쪽에 미끄럼 방지 홈이 파여있는 핀은 뽑는 방향을 잘못 잡으면 뽑기 힘들 뿐 아니라 사칫 구멍 크기가 벌어져 고정이 제대로 안될 수도 있다. 반드시 뽑는 방향을 확인해야 한다.

육각 나사는 일반 나사보다는 구멍이 덜 망가지지만 그래도 크기에 맞는 렌치를 써야 한다.

널드 핀으로 불리는 역회전 방지 핀(오른쪽)은 삽입 후 뽑히지 않게 하기 위해 한 쪽을 넓힐 수 있다. 핀(왼쪽)은 고정용 홈이 파여있다.

전동건 기어박스의 고정에 사용되는 테핑 나사. 지꾸 조이고 풀다 보면 신품일 때 보다 고정이 느슨해진다.

십자 나사(플러스 나사)와 일자 나사(마이너스 나사). 구멍 크기에 맞는 드라이버를 써야 한다.

스프링이 튀어나가 없어지지 않게 주의

스프링은 분해조립할 때 가장 잃어버리기 쉽다. 뜻하지 않게 사라지기 일쑤인데다 그 대부분이 1cm 전후의 작은 스프링이다. 그걸 막기 위해서는 구조를 이해하고 경험을 쌓아야 하며, 어느 정도 '짬밥'

이 쌓이면 스프링이 있음직한 장소를 그럭저럭 예측할 수 있다. 전동건이나 에어코킹건의 메인 스프링은 분해할 때 강하게 튀어나갈 수도 있다. 다칠 수도 있으니 전동건은 역회전 방지 래치의 해제나

스프링 가이드를 드라이버로 누르는 등의 안전 조치를 미리 하는 편이 좋다.

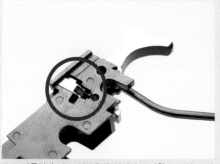

도쿄 마루이의 가스 블로우백 건에서 주의할 부분이 노커 고정 스프링. 사진의 M1911A1 시리즈처럼 바깥쪽에 노출된 타입을 특히 주의한다.

마루이 KSG는 인너 섀시(내부 프레임) 좌측의 액션 락 플레이트에 걸린 스프링을 조심한다. 사진에서도 금방 튀어나올 것 같다.

전동건의 기어박스를 분해할 경우 스프링 가이드를 드라이버 등으로 누르면서 분해하면 메인스프링이 튀어나가는 것을 막을 수 있다.

특수한 나사나 풀기 힘든 부품 대책

마루이의 차세대 전동건 HK416시리즈의 핸드가드 고정 볼트는 특수한 형태의 나사가 사용된다. HK416D나 HK417등 그 계열 총기들에는 전용 공구를 갖추는 편이 좋다. 대신 쓸 수 있는 공구도 있

지만, 어디까지나 응급용이고 처음 출고될 때의 토크로 다시 고정하기가 어렵다. 또 M4카빈의 배럴 너트도 매우 단단하게 고정되어 있기 때문에 무리해서 분해하려고 하면 최악의 경우 상부 리시버가

망가질 수도 있다. 특수 나사의 경우도 그렇지만 무리해서 분해하지 않고 넘어가야 할 때도 있게 마련이다.

HK416 델타 커스텀의 핸드가드 고정 볼트는 얼핏 보면 플러스 드라이버로 풀 수 있어 뵈지만 실제로는 그렇지 않다.

에치고야의 핸드가드 볼트 렌치는 HK416D나 417의 핸드가드 볼트 전용 렌치다. 확실히 조이고 풀 수 있다.

배럴 너트가 뻑뻑한 경우 하부 리시버에 상부 리시버를 고정한 다음 리시버를 잘 고정하면서 전용 렌치로 풀어준다.

분해 안될 때에는 과감하게 포기할 수도

한때 에어소프트건은 수지제 부품이 접착되어 있거나 금속제 부품이 억지로 끼워진 경우가 많아 분해하는 것이 상당히 어려웠다.
반면 최근의 제품들은 분해가 쉬워진 편이지만, 그렇다고 일부러 분해를 쉽게 하라고 만든 것은 아니

다. 생산성이나 정비성을 고려해서 그렇게 된 것이지 소비자가 직접 분해해도 괜찮다고 그런 것은 아니라는 이야기다.
또 메이커측은 만들 때 전용 틀이나 공구를 사용하기도 한다. 그러다 보니 경험상 분해가 어려운 기

종은 조립도 어렵다. 또 아예 부서지면 끝장이다. 분해가 안될 때는 과감하게 멈추고 포기해야 할 때도 있는 법이다.

마루이 차세대 전동건 SOPMOD M4시리즈의 접속 단자는 기어박스를 조립한 뒤에 납땜한 것이다. 이것까지 완전히 분해하려면 납땜 인두가 필요하다.

볼트 사의 MP5J는 배럴 블록을 고정하는 핀이 갈고리 모양 부품으로 단단하게 박혀있기 때문에 무리해서 빼야 간신히 빠진다.

마루이 M870 택티컬의 가늠쇠도 분해를 전제로 한 제품은 아니다. 전용 공구를 사용해 다루지 않으면 부숴져 버린다.

차세대 전동건

AKS47
TYPE-3

분해 · 조립의 포인트 👆

- AK74 시리즈를 베이스로 오토 스톱 기능이 추가됨
- 오토 스톱 기능(탄창이 비었을 때 사격 정지 기능)의 추가에 의해 탄창은 AK47전용이 됨
- 가늠자 베이스 주변의 분해조립 방법은 AK74와 달라짐
- 기어박스의 부품 구성은 AK74시리즈와 거의 같음
- 무게추(웨이트) 커버의 나사는 휴대폰등에 쓰이는 3ULR-OM2라는 특수나사임

⚙ 기어박스 들어내기

분해 래치(테이크다운 래치)를 사용해 상부 핸드가드를 벗긴다.

하부 핸드가드를 고정하는 핸드가드 캡 위의 육각 나사를 풀어낸다.

핸드가드 캡을 앞으로 푼 다음 하부 리시버 가드, 핸드가드 커버(왼쪽)를 벗겨낸다.

핸드가드 커버(오른쪽)을 벗겨낸다.

⊘ 배선 상황을 확인

배터리 홀더 세트를 벗기기 전에 배터리 홀더 아래의 전선이 어떻게 배선됐는지 확인한다. 퓨즈는 유리관 타입이 아니라 플레이트 타입이다.

퓨즈 홀더를 빼낸다.

세컨드 스위치의 단자(화살표)에 연결된 검은 코드를 뽑는다.

퓨즈에 연결된 붉은 코드를 뽑고 배터리 홀더에서 퓨즈와 그 주변의 코드를 뽑아낸다.

좌우의 배터리 홀더를 고정하는 4개의 나사를 풀고 아우터 배럴에서 좌우의 배터리 홀더를 벗겨낸다.

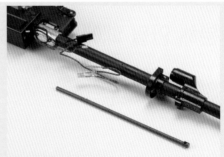

배럴 아래의 클리닝 로드(청소용 꼬질대)를 뺀다.

리시버 커버를 벗겨낸다.

사진에 보이는 볼트 스프링 세트를 리시버로부터 떼어낸다.

⚠ 스프링 튀어나가지 않게 주의

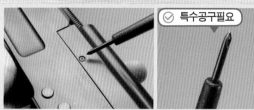

볼트 스프링 가이드에는 작은 스프링이 안에 들어있으니 조립할 때 잃어버리지 않게 조심한다.

볼트 어셈블리를 떼어낸다.

웨이트(무게추) 커버를 고정하는 것이 휴대폰등에 쓰이는 특수나사 3UlR-OM2이다. 여기에 맞는 전용 드라이버를 써야 풀 수 있다.

4개의 특수 나사를 풀어 웨이트 커버를 떼어낸다.

리코일 바, 리코일 바 스프링을 떼어낸다.

리시버에 가늠자 베이스/아우터 배럴을 고정하는 나사(좌우/아래 합계 4개)의 육각 나사(접시머리)를 푼다. 나사에는 고정용 접착제가 발라져 있으므로 헤드 부분이 뭉개지지 않게 조심한다.

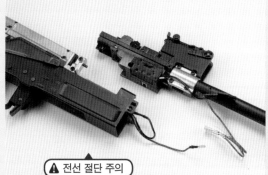

리시버에서 가늠자 베이스/아우터 배럴을 뽑아낸다. 리시버 우측 안쪽에 전선이 지나가므로 끊어지지 않게 조심한다.

그립 고정나사를 풀고 그립을 떼어낸다.

접속단자가 고정된 플러스 나사를 풀고 모터에 접속된 전선(적/흑)을 빼 낸다.

기어박스에서 모터 홀더와 모터를 떼어낸다.

리시버에서 기어박스를 떼어낸다.

조립시에는 리시버 오른쪽 안에 있는 셀렉터 기어를 사진의 안전 위치에 놓아야 한다(기어박스쪽의 셀렉터 플레이트에 걸려있는 돌기가 아래쪽으로 향한다).

셀렉터 기어를 풀어낼 경우에는 왼쪽에 접착되어있는 커버(화살표)를 떼어내지 않으면 안된다. 꼭 필요하지 않으면 이 커버는 건드리지 않도록 한다.

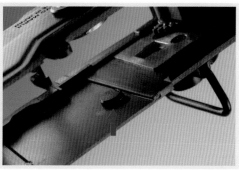

오토 스톱 기능을 실현하기 위해 추가된 가늠자(리어 사이트) 베이스. 그 때문에 분해조립 방법이 AK74 시리즈와 다르다.

배럴 홀더를 떼어낸다.

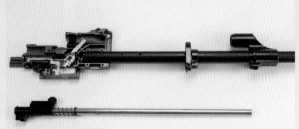

좌우의 가늠자 베이스를 고정하는 3개의 나사를 푼다.

가늠자는 올린 다음 잘 잡으면서 떼어낸다. 테이크 다운 래치(닫해 레버)는 가늠자 베이스에서 좀 벗어난 위치에 있는 홈에 맞춰 뽑아낸다.

✅ 부품구성 확인

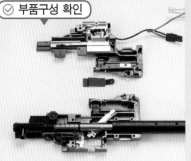

가늠자 베이스를 분할한다. 가늠자 스프링과 인너 배럴 어셈블리가 수납되어 있다. 조립할 때에는 가늠자 베이스 좌측을 아래로 두고 인너 배럴을 밀어넣으면서 가늠자 베이스 오른쪽을 씌운다.

가늠자 베이스/아우터 배럴에서 인너 배럴 어셈블리를 뽑아낸다.

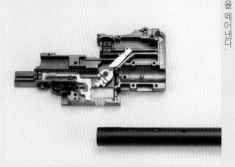

리어사이트 베이스 좌측에서 아우터 배럴을 떼어낸다.

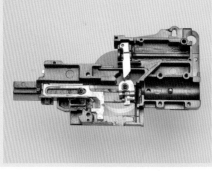

리어사이트 베이스 좌측에는 리코일 스윙 암. 리코일 플레이트가 장착되어 있다. 나사로 단단하게 고정되어 있으므로 꼭 필요한 경우가 아니면 떼어내지 않는다.

가늠자 베이스 오른쪽 바깥에 있는 세컨드 스위치를 떼어낸다.

오토 스톱/오토 스톱용 축받이, 폴로어 링크 레버를 떼어낸다.

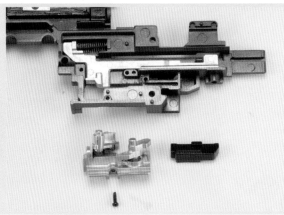

오토 스톱 가이드를 벗겨낸다.

오토 스톱 플레이트/스프링을 떼어낸다.

✅ 부품구성 확인

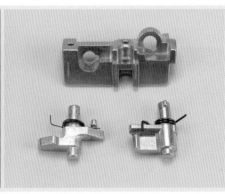

두 개의 오토 스톱 부품과 리턴 스프링은 오토 스톱 축받이의 홈과 오토 스톱의 돌기에 맞춰가며 떼어낸다.

  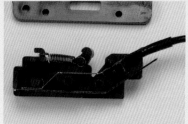 

✅ **부품구성 확인**

오토 스톱 부품은 작은 쪽이 앞(총구 쪽)이다. 각각의 돌기 형태나 리턴 스프링의 끼워지는 방향 등을 확인해 둔다.

세컨드 스위치의 내부와 각 부품을 펼쳐 본 모습. 늘 전기가 통하는 상태이며 오토 스톱이 가동될 때에는 전기가 끊어진다.

⚙️ 기어박스의 분해

AK47시리즈의 기어박스는 AK74시리즈의 숏&리코일 엔진 Ver.1이 베이스이며 부품 구성도 거의 같다.

고정 버튼, 리코일 스프링, 리코일 웨이트 섀프트에 들어있는 작은 스프링을 떼어낸다.

⚠️ **별나사에 주의**

리코일 웨이트를 고정하는 나사를 푼 다음 좌우의 리코일 웨이트, 안쪽의 웨이트를 기어박스에서 떼어낸다.

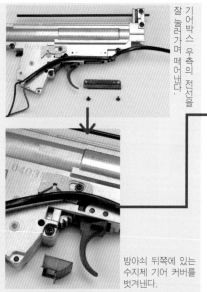

기어박스 우측의 전선을 잘 눌러가며 떼어낸다.

방아쇠 뒤쪽에 있는 수지제 기어 커버를 벗겨낸다.

⚠️ **별나사에 주의**

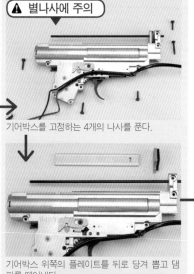
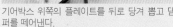

기어박스를 고정하는 4개의 나사를 푼다.

기어박스 위쪽의 플레이트를 뒤로 당겨 뽑고 댐퍼를 떼어낸다.

✅ **역회전방지 래치 해제**

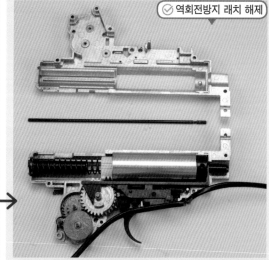

미리 철사로 만들어 둔 갈고리 등으로 역회전 방지 래치를 해제한 뒤 피스톤을 전진시킨다. 그리고 좌우의 기어박스를 조용히 닫는다.

⚙️ 인너 배럴의 분해

홉업 조절 다이얼의 나사를 풀고 조절 다이얼을 떼어낸다.

챔버 스프링과 링을 뽑아낸다.

배럴 락을 떼어낸 뒤 챔버에서 인너 배럴, 홉업 챔버, 황동제의 고정 링(칼라)을 떼어낸다.

홉업 레버를 고정하는 핀을 뽑은 뒤 홉업 레버, 홉업 쿠션을 떼어낸다.

HK416

차세대 전동건
델타 커스텀

⚙ 기본분해/상부 리시버의 분해

상부 리시버와 하부 리시버를 고정하는 고정핀을 뽑는다

장전손잡이를 살짝 당기면서 결합을 푼 뒤 상부 리시버를 앞으로 밀어 상하 리시버를 분리한다.

👆 분해·조립의 포인트

● 기본적인 분해조립 방법은 HK416D와 같다
● 단단하게 고정된 핸드가드 고정 볼트의 탈착은 권하지 않음
● 배럴 너트와 버트캡 스크류의 탈착에는 전용 공구가 필요
● 개머리판 탈착시 버퍼 튜브(스톡봉)아래 커넥터 단자 파손에 주의
● 아우터 배럴 안쪽에 가스 블록을 고정하는 나사가 숨어있다

상부 리시버와 하부 리시버를 분리할 때 기어박스 뒤쪽에 끼워져 있는 어퍼 스토퍼도 분리한다. 어퍼 스토퍼를 조립할 때에는 좌우가 다르니 주의.

인너 배럴의 밑둥에 있는 어퍼 스페이서를 떼어낸다.

어퍼(상부) 리시버에서 인너 배럴 어셈블리를 뽑아낸다.

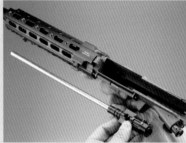

핸드가드 고정 볼트를 떼어낸 모습.

가늠쇠, 가늠자(프론트/리어 사이트)를 떼어낸다.

☑ 전용공구필요

핸드가드 고정 볼트는 HK416D와 HK417이 각각 다른 가이즐리 특유의 십자형 나사이며 핸드가드를 단단하게 고정한다. 그 때문에 에치고야에서 발매중인 마루이 델타 커스텀 전용 핸드가드 고정 볼트 렌치(2,400엔)을 사용해 풀어낸다.

상부 리시버에서 핸드가드를 떼어낸다.

소염기 아래에 있는 나사를 푼 다음 소염기, 고정 워셔와 스프링을 떼어낸다.

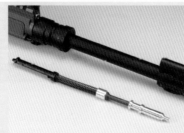

가스 피스톤을 떼어낸다.

☑ 역회전 방지핀 사용

가스 블록을 고정하는 핀을 왼쪽에서 밀어서 뽑아낸다.

가스블록 아래의 구멍에 육각 렌치를 넣고 아우터 배럴 내부에 있는 육각 나사를 풀어준다.

아우터 배럴에서 가스블록을 벗겨낸다.

☑ 전용공구필요

배럴 너트는 HK416D나 HK417등의 배럴 너트를 다루는데 편리한 에치고야의 HK배럴너트&엔드캡 렌치(3,500엔)을 이용해 돌리면 된다.

상부 리시버에서 아우터 배럴을 분리한다.

⚙ 장전손잡이(차징 핸들)/볼트의 분해

장전손잡이와 스프링을 떼어낸다.

볼트 리턴 샤프트 세트, 더미 볼트, 볼트 락, 볼트 파츠, 샤프트 가이드, 리턴 스프링을 떼어낸다.

⚙ 기어박스 꺼내기

✅ 전용공구필요

고정 레버 아래에 있는 고정 레버 손잡이를 끝까지 아래로 당기면서 개머리판을 뒤로 잡아 뺀다.

전용 공구를 사용해 버퍼 뒤에 끼워져 있는 버퍼 캡을 떼어낸 뒤 버퍼 안쪽에서 리코일 웨이트, 웨이트 스프링을 떼어낸다.

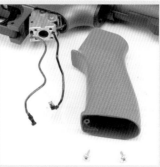

그립 엔드(손잡이 바닥)를 고정하는 나사를 풀고 그립 엔드, 나사 고정 플레이트를 떼어낸다.

모터에는 전선이 사진처럼 연결된다. (붉은 선이 앞, 마이너스(검은 선)이 뒤쪽이 플러스이다.)

모터와 접속된 2개의 모터 단자를 떼어내고 그립에서 모터를 꺼낸다.

그립 내부에 있는 그립 고정나사 2개를 풀고 그립을 벗겨낸다.

좌우의 조정간 레버를 연동시키는 연결 기어를 떼어낸다.

⚠ 커넥터 단자 변형주의

붉은 선, 검은 선을 각각의 커넥터에 고정해 주는 나사를 풀고 커넥터 단자를 신중하게 벗겨낸다.

코드 커버를 떼어낸다.

✅ 링 렌치를 사용해 버트 캡의 나사를 푼다.

버퍼 밑동 아래의 전선을 잘 잡으며 떼어낸다.

⚠ 전선 절단/단선 주의

전선이 단선되지 않도록 주의하면서 버트 캡 나사와 스톡 플레이트를 들어올리며 버퍼를 천천히 조심해서 돌려 하부 리시버로부터 분리한다.

탄창 멈치의 헤드 부분, 탄창 멈치, 탄창 멈치 스프링을 떼어낸다.

하부 리시버 가운데 주변에 있는 고정핀을 뽑는다.

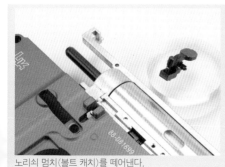

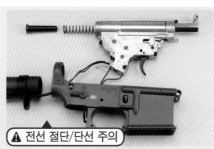

노리쇠 멈치(볼트 캐치)를 떼어낸다.

✅ 조정간 레버 위치 확인

좌측의 조정간 레버를 안전과 단발의 중간에 놓은 다음 기어박스를 들어올려 하부 리시버에서 꺼낸다.

⚠ 전선 절단/단선 주의

하부 리시버로부터 기어박스, 스프링 가이드를 떼어낸 상태의 모습.

도쿄 마루이
차세대 전동건 HK417초기형

분해 · 조립의 포인트 ☝

- 배럴 너트와 버트 캡 나사의 탈착에는 전용 공구가 필요
- 개머리판(스톡) 탈착시 버퍼 튜브 아래의 커넥터 단자 파손에 주의
- 버트 캡 나사 탈착시 전선의 단선이나 절단에 주의
- 좌우 조정간 레버를 동조시켜주는 연결 기어의 조립을 잊지 않도록 주의
- 모터 단자가 나사 고정식으로 바뀌어 있음

⚙ 기본분해/기어박스 꺼내기

먼저 앞쪽 고정핀을 해제한다.

핀을 떼어낸 뒤 하부와 상부를 분리한다. 배선은 뒤로 빠지기 때문에 리시버는 앞뒤 방향으로 분리해야 한다.

차세대 HK416시리즈보다 리시버와 탄창이 더 커졌기 때문에 노즐도 매우 길어졌다.

⚠ 커넥터 단자 파손에 주의

다른 M4계열보다 큰 개머리판이지만 스톡봉에서 떼어내는 방법은 다른 모델과 마찬가지다. 고정 레버를 끝까지 당겨서 뺀다.

⚠ 커넥터 단자 변형에 주의

버퍼 튜브(스톡봉) 뒤쪽에는 개머리판 단자가 노출되어있다. 가운데의 나사를 풀면 단자가 떼어진다.

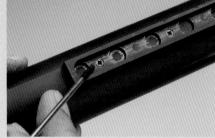

스톡봉 아래의 코드 커버도 플러스 나사 2개를 풀면 떼어낼 수 있다.

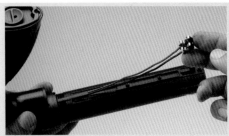

개머리판 방향에 뻗어있는 배선은 이렇게 하면 일단 고정이 해제된다. 기어박스를 꺼낼 때 까지는 이 배선과 씨름해야 한다.

☑ 전용공구필요

버퍼 링을 떼어내려면 에치고야의 차세대 HK417 전용 버퍼 링 렌치(2,160엔)을 사용한다. 다른 공구를 써도 되지만 이 렌치는 전용이라 흠집이 잘 안 난다.

사진의 총은 버퍼 링이 풀려있지만 원래는 나사 고정액으로 고정되어 있다. 나사홈에 고정액의 흔적이 남아있다.

⚠ 스프링 분실 주의

개머리판 방향으로 니온 배선은 이러면 일난 고성이 풀린다. 기어박스를 꺼낼 때 까지 이 배선과 씨름해야 한다.

☑ 전용공구필요

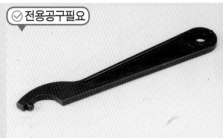

버퍼 캡을 풀려면 에치고야의 HK배럴너트&엔드캡 렌치를 사용한다. 다른 공구를 쓰는 것 보다 훨씬 쉽게 작업할 수 있다.

버퍼 캡에는 웨이트 스프링과 스프링 가이드가 달려 있다.

그대로 버퍼 튜브를 기울이면 리코일 웨이트와 버퍼 인너 튜브가 그대로 나온다.

꽤 묵직한 리코일 웨이트. 이것이 인너 튜브 안쪽에서 격하게 움직인다.

⚠ 전선 단선 주의

버퍼 링 등을 일단 뒤로 옮긴 다음 전선을 잘 눌러가며 떼어낸다. 이것으로 배선이 자유로워진다.

작업중에 떨어지면 곤란하므로 하부 리시버의 코킹 레버 주변을 미리 떼어낸다. 먼저 코킹 레버를 떼어낸다.

볼트 리턴 샤프트 뒤쪽의 플라스틱 부품을 들어올리면 샤프트와 볼트 파츠, 더미 볼트가 한꺼번에 떨어진다.

✓ 부품구성 확인

이 부분은 특히 조심해서 다뤄야 한다. 플라스틱제 샤프트 고정부도 그렇지만 볼트 파츠의 순서를 잘못 알면 블로우백 작동이 안될 우려가 있다.

모터를 떼어내고 다른 M4계열 전동건과 마찬가지로 그립 바닥의 플러스 나사를 풀고 그립 엔드를 떼어낸다.

⚠ 조립시 모터의 방향에 주의

모터와 배선 사이의 연결은 이 HK417에서는 나사를 이용하는 방식으로 되어있다. 이러면 반동에 의해 풀어질 걱정도 적다.

다만 모터가 강력한 자력을 가지고 있기 때문에 나사를 그립 안에 떨어트리면 빼내기가 어렵다. 따라서 나사는 풀지 말고 커넥터만 벗겨낸다.

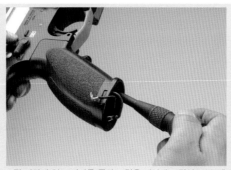

그립 바닥에 있는 나사를 풀어 그립을 떼어내는 작업도 M4계열 사용자는 익숙할 것이다.

⚠ 연결 기어 조립을 잊지 말 것

그립을 떼어내면 좌우대칭형 조정간을 연결해주는 연결 기어가 보인다. 배선을 잘 피하면서 떼어낸다.

방아쇠의 바로 위에 있는 고정핀을 떼어낸다. 그립등을 떼어내서 기어박스에 가해지는 텐션이 줄어든 다음에 이 핀을 빼는 편이 쉽다.

핀을 빼면 기어박스를 살짝 들어올릴 수 있다. 그 틈에 노리쇠 멈춤(볼트 캐치)를 꺼낸다.

기어박스를 떼어낼 때에는 기어박스와 리시버의 결합을 풀고 배선을 더욱 자유롭게 만들 필요가 있다. 하지만 버퍼 튜브가 굵기 때문에 배선을 빼낼 여유가 없고, 단자까지 있기 때문에 버퍼 링에서 배선을 꺼내기도 힘들다.

원래는 단자 자체를 떼어내서 배선을 잡아 뺄 수 있지만 가능하면 특수한 작업은 안 하고 기어박스를 뽑는 편이 좋다.

⚠ 전선 파손 주의

결국 배선과 함께 버퍼 튜브를 한바퀴 반 정도 돌린 다음 기어박스와의 결합을 풀면 된다.

그 다음 버퍼 튜브 와 배선을 원래 위치로 되돌려 배선을 어느 정도 느슨하게 했다. 이 정도 여유가 생기면 기어박스 분해가 가능해진다.

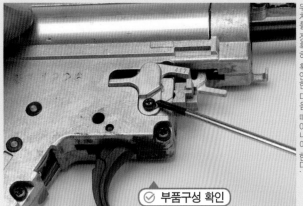

✓ 부품구성 확인

볼트 스톱핑의 볼트 캐치를 떼어낸다. 각 나사의 위치를 정확히 확인한 다음 떼어내야 한다.

먼저 상부 리시버에서 인너 배럴을 80도 정도 기울이면 부드럽게 뽑아낼 수 있다. 다. 이때 배럴을 뽑아낸

그 뒤에는 4개의 나사를 풀어내면 기어박스가 분할된다.

높은 명중률을 가진 HK417이지만 인너배럴 길이는 의외로 짧다. 약 300mm 정도이다.

챔버를 분해하려면 먼저 가장 앞에 있는 고정 칼러를 좌우로 분할한다. 이 부분은 홉업 조절 드럼의 클릭 기능도 겸한다.

⚙ 어퍼 리시버(상부 리시버)의 분해

칼러에 의해 고정되었던 조정 드럼은 칼러를 떼어내면 쉽게 빠진다.

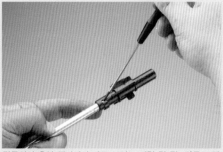

전동건의 홉업 챔버에서 자주 보이는 배럴 락 링. 다른 모델과 마찬가지로 드라이버등으로 비틀면 빠진다.

링을 벗겨낸 뒤 배럴을 뽑아내면 홉업 패킹과 함께 인너 배럴이 빠진다.

홉업 암의 고정축은 E링으로 고정되어 있다. 정밀 드라이버로 뺀다.

이러면 챔버 커버도 분리된다 각각의 조립 방향이 정해져 있기 때문에 조립할 때 실수하지 않게 주의

암을 뽑아내면 그 아래 쿠션 고무를 누르는 엘리베이터가 보인다. 여기에 쿠션 고무가 세팅되어 있다.

✓ 전용공구 필요

엘리베이터는 홈에 끼워져 있다. 옆에서 정밀 드라이버로 접근해 떼어낸다.

암의 원운동이 엘리베이터에 의해 직선 운동으로 바뀌므로 쿠션 고무가 보다 정확하게 홉업 패킹을 누르게 된다.

레일 시스템의 고정을 풀려면 에치고야의 마루이 HK416 핸드가드 볼트 렌치(2,400엔)를 사용한다. 이것도 전용 공구이므로 부품을 망가트리지 않는다. 다른 공구들도 여럿 사용해 봤지만 어느 것도 신통치 않았다.

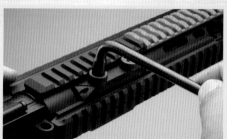

단단하게 체결된 볼트이지만 토크를 걸어주기 쉬운 디자인의 볼트 렌치로는 쉽게 고정을 풀 수 있었다.

볼트를 풀어내면 레일이 쉽게 앞으로 빠진다. 높은 강성을 가진 레일이지만 그 강성을 느끼기 힘들 정도로 부드럽게 빠진다.

가스피스톤은 HK416과 같아 보이지만 나머지는 전용 부품을 사용한다.

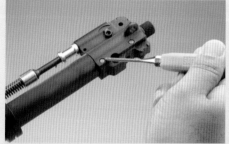

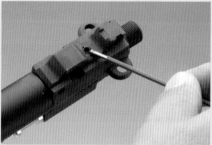

⚠ 육각나사에 주의

가스 블록을 고정하는 핀을 뽑아낸다. 이것도 역회전 방지 핀이므로 왼쪽에서 오른쪽으로 밀어야 한다.

핀과 핀의 얼추 중간쯤 아래에 육각나사가 있다. 이것도 렌치로 풀어준다.

이 나사 아래에 또 육각나사가 숨어있다. 놓치기 쉬운 부분이지만 이걸 풀지 않으면 가스 블록을 떼어낼 수 없다.

✓ 전용공구 필요

무사히 가스 블록을 떼어냈다. 가스피스톤 스프링의 텐션이 가해져 있기 때문에 쉽게 빠진다.

가스 피스톤 섀프트와 가스 피스톤은 그대로 분리된다. 리얼한 부품구성이다.

여기서 다시 에치고야의 배럴 너트&엔드 캡 렌치를 쓴다. 물론 HK416과 호환된다.

이 렌치도 토크를 가하기 쉬운 디자인이라 딱히 저항을 느끼지 않고 풀어낼 수 있다.

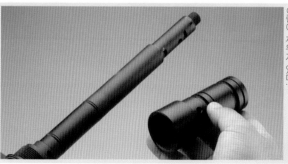

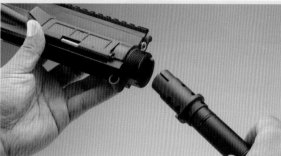

풀고 나면 총구 방향으로 뽑으면 되는 배럴 너트와 아우터 배럴의 접촉면에 O링이 끼워져 있다.

그대로 아우터 배럴을 뽑아내면 리시버와의 결합이 풀린다.

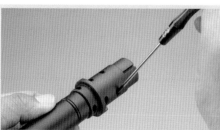

배럴 밑동에는 6개의 나사가 끼워져 있고 이걸 풀면 좌우로 분할된다. 오른쪽 사진은 좌우로 분할된 배럴 밑동. 똑같이 생겼으나 좌우의 나사구멍 위치가 다르므로 혼동하면 안된다.

5.56mm에 익숙한 눈으로 보면 상당히 굵어뵈는 아우터 배럴.

도쿄 마루이
차세대 전동건 SOPMOD M4

분해 · 조립의 포인트 👆

- 배럴 밑둥과 버트 캡 나사의 탈착에는 전용 공구가 필요
- 개머리판 탈착시 버퍼 튜브 아래의 커넥터 단자가 파손되지 않게 조심
- 버트 캡 나사 탈착시 전선의 단선이나 절단에 주의
- 가늠쇠는 아우터 배럴 안쪽에 있는 육각 나사를 풀지 않으면 떼어낼 수 없음
- 최신 생산형에는 기어박스등 일부 부품에 HK416D의 것이 사용되었다

⚙ 어퍼 리시버(상부 리시버)의 분해

장전손잡이(차징 핸들)를 조금 당기면서 상부 리시버를 앞으로 밀어서 분리하는 식으로 상하 리시버를 분리한다. 이 때 기어박스 뒤쪽에 끼워져 있는 어퍼 스토퍼도 떼어낸다.

어퍼 스토퍼를 조립할 때에는 좌우가 다르므로 주의한다(뒤쪽에 L과 R이 적혀 있다).

인너 배럴 밑둥에 끼워져 있는 어퍼 스페이서를 떼어낸다.

상부 리시버와 하부 리시버를 결합하는 고정핀을 뽑는다.

⚠ 어퍼 스페이서의 방향에 주의할 것

어퍼 스페이서는 이처럼 끼워져 있다. 조립할 때에는 사진처럼 모서리가 둥글고 돌기가 앞을 향한 쪽을 총구 방향으로 향하게 끼운다.

상부(어퍼) 리시버에서 인너 배럴 어셈블리를 떼어낸다.

⚙ 배럴 어셈블리의 분해

핸드가드 링을 뒤로 밀면서 하부(로워) 핸드가드를 떼어낸다.

상부(어퍼) 핸드가드 위쪽의 버튼형 육각 나사를 푼다.

어퍼 핸드가드를 떼어낸다.

⚠ 총구 역방향 나사 주의

플래시 하이더(소염기) 아래의 육각 나사를 풀고 소염기를 분리한다. 소염기 나사는 역나사라 시계방향으로 돌려야 풀린다.

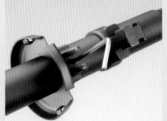

프론트 사이트 베이스(가늠쇠 베이스) 뒤의 구멍에 육각 렌치를 넣고 아우터 배럴 내부의 육각 나사를 푼다.

⚠ 육각나사에 주의

가늠쇠 베이스가 고정된 부분을 보면 육각 나사가 들어있는 것이 보인다.

✓ 역회전 방지핀 사용

가늠쇠 베이스 아래에 있는 2개의 역회전 방지 핀을 왼쪽에서 밀어 오른쪽으로 뽑는다.

아우터 배럴에서 가늠쇠 베이스, 핸드가드 스톱 링을 떼어낸다.

핸드가드 링 고정쇠를 밀어서 뺀다.

핸드가드 링, 핸드가드 링 스프링을 떼어낸다.

✔ 전용공구 필요

전용의 링 렌치를 사용해 배럴 너트를 풀어낸다. 링은 나사 고정액으로 단단히 고정되어 있으므로 망치 등으로 렌치를 두들겨 가며 풀어준다.

배럴 너트를 풀어준 모습.

어퍼 리시버에 고정된 배럴 고정쇠(배럴 너트)를 풀고 배럴락 링을 푼 다음 어퍼 리시버에서 아우터 배럴을 떼어낸다.

조립할 때에는 배럴락 링을 사진에서처럼 오른쪽에서 끼워넣는다.

아우터 배럴 고정쇠. 어퍼 리시버의 아우터 배럴이 끼워지는 부분의 형태는 차세대 전동건은 전용이므로 기존 전용건과는 호환되지 않는다.

인너 배럴의 분해

인너 배럴 뒤에 있는 홉업 다이얼 가이드를 벗겨낸다.

홉업 챔버에서 홉업 다이얼을 떼어낸다.

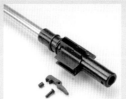

홉업 레버 핀을 떼어내고 홉업 챔버에서 홉업 레버, 홉업 쿠션을 떼어낸다.

U자형의 인너 배럴 락과 스프링을 떼어낸다.

홉업 챔버에서 인너 배럴, 챔버 패킹을 분리한다.

어퍼 리시버(상부 리시버)부품의 분해

먼지덮개(더스트 커버) 고정핀을 앞으로 뽑아 더스트 커버, 더스트 커버 리턴 스프링을 떼어낸다.

더스트 커버 스프링의 양 끝은 사진처럼 고정된다. 기본적으로 열린 상태를 유지하는 방향으로 텐션이 가해져야 한다.

⚠ 부상 주의

조립할 때에는 고정핀을 반쯤 끼운 다음 스프링 앞쪽을 더스트 커버에 걸어준다. 뒤쪽을 바깥쪽에 힘을 줘서 탄피 배출구의 모서리에 걸어준다.

노리쇠 전진기를 고정하는 핀을 아래에서 밀어서 뺀 뒤 노리쇠 전진기, 리턴 스프링을 빼 준다.

차징 핸들/볼트의 분해

기어박스 위에 있는 차징 핸들(장전손잡이), 차징 핸들 스프링을 떼어낸다.

볼트 리턴 섀프트 세트는 사진처럼 조립되어있다.

볼트 리턴 섀프트 세트를 떼어낸다.

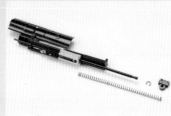

E링을 뽑아서 섀프트 가이드, 리턴 스프링을 떼어낸다.

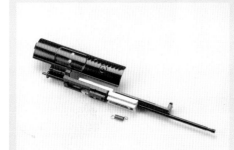

볼트 락 리턴 스프링을 떼어낸다.

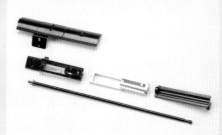

섀프트를 앞으로 뽑아내면 볼트 리턴 섀프트 세트, 더미 볼트, 볼트 락, 볼트 파츠가 분리된다.

✔ 부품 구성 확인

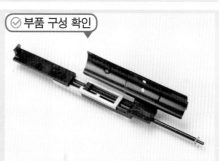

볼트 리턴 섀프트 세트는 뒤집어 보면 이런 식으로 조립되어 있다.

🔧 스톡(개머리판) 어셈블리의 분해

버트 플레이트, 더미 배터리를 떼어낸다.

릴리즈 아래에 있는 릴리즈 레버 고정쇠를 최대한 아래로 당기면서 스톡을 뒤로 뽑아낸다.

⚠ 커넥터 단자 파손 주의

스톡을 떼어낸 모습.

퓨즈를 떼어내고 스톡 뒤에 있는 본체 단자를 분리한다.

스톡 안에 있는 스톡 단자를 떼어낸다.

스톡 단자를 고정하는 2개의 핀을 뽑으면 스톡 단자가 분리된다.

버퍼 아래의 코드(전선) 커버나 커넥터 단자는 사진처럼 장착된다. 붉은 전선의 단자가 본체 좌측(사진에서는 위)에 있다.

코드 커버를 떼어낸다.

코드 커버를 떼어내면 이처럼 버퍼 튜브(스톡봉) 아래의 홈에 전선 두 개가 끼워져 있다.

버퍼 밑둥 아래에 있는 전선 고정쇠를 뺀다.

⚠ 커넥터 단자 파손 주의

붉은 선, 검은 선을 각각 커넥터 단자에 고정하는 나사를 풀고 커넥터 단자를 조심해서 떼어낸다.

뒤에 끼워져 있는 버퍼 캡을 풀어서 빼고 버퍼 튜브 안에서 리코일 웨이트, 웨이트 스프링을 빼 낸다.

✓ 전용공구필요

링 렌치를 사용해서 버트 캡 스크류(나사)를 풀어준다.

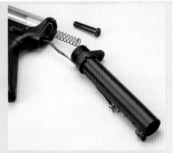

⚠ 전선 단선주의

전선이 끊기지 않게 버트 캡 나사와 스톡 플레이트를 들어올리면서 버퍼 튜브를 천천히 조심해서 돌린다.

로어(하부) 리시버에서 버퍼, 스프링 가이드를 떼어낸다.

🔧 기어박스의 분해

⚠ 나사 고정 플레이트 분실 주의

서 그립 엔드를 고정하는 두 개의 접시 나사를 풀어서 그립 엔드, 나사 고정 플레이트를 떼어낸다.

⚠ 조립시 모터 방향에 주의

모터에 전선이 사진처럼 연결된다. 플러스(붉은 선)가 앞, 마이너스(검은 선)가 뒤쪽이다.

모터에 연결된 두 개의 모터 단자를 떼어내고 그립에

어낸다.

그립 앞쪽에 있는 그립 고정나사를 풀어서 그립을 떼

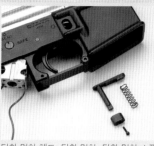

탄창 멈치 헤드, 탄창 멈치, 탄창 멈치 스프링을 떼어낸다.

로어 리시버 중앙부에 있는 고정핀을 뽑는다.

노리쇠 멈치(볼트 캐치)의 제거.

✅ 조정간 레버의 위치 확인

조정간 레버를 단발과 연발의 중간에 놓은 다음 기어박스를 들어올려 볼트 캐치 유닛을 떼어낸다.

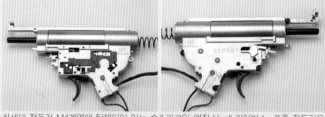

차세대 전동건 M4계열에 탑재되어 있는 숏&리코일 엔진 Ver.II 기어박스. 표준 전동건용의 버전 2 기어박스와 호환되는 부품은 실린더와 실린더 헤드 뿐이다.

기어박스 오른쪽에 있는 래치, 래치 스프링, 볼트 캐치 레버는 이처럼 배열되어있다.

래치, 래치 스프링, 볼트 캐치 레버를 떼어낸다.

✅ 토크 나사에 주의   ### ⚠ 심 분실 주의

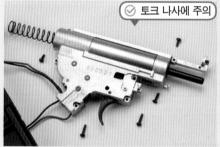

1개의 접시 나사, 4개의 토크 나사를 풀어준다. 토크 나사는 위치마다 길이가 다르므로 조립에 주의한다.

기어박스를 좌우로 벌린다. 심(기어축 워셔)이 반대쪽 베어링에 붙어있는 것에 주의한다.

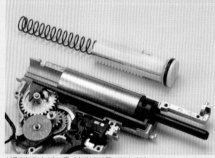

실린더에서 피스톤 어셈블리를 떼어낸다.

태핏 플레이트, 태핏 플레이트 스프링, 노즐, 실린더&실린더 헤드를 떼어낸다.

베벨 기어, 스퍼 기어, 역회전 방지 래치, 섹터 기어, 스퍼 기어 순서로 떼어낸다.

방아쇠, 방아쇠 스프링을 떼어낸다.

⚠ 조립 방향에 주의

기어박스 앞에 있는 볼트 캐치 레버 가이드를 떼어낸다.

스위치 단자, 스위치 단자 스프링, 스위치 유닛을 떼어낸다.

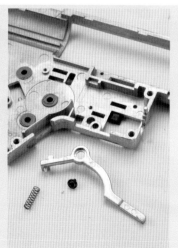

컷오프 레버, 컷오프 레버 스프링을 떼어낸다.

스위치 플레이트를 뗀다.

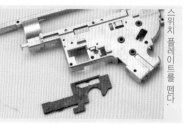

✅ 심의 종류 확인

섹터 기어에는 좌우 모두에 다 얇은 심이 한 장씩 끼워져 있

스퍼 기어도 좌우 모두에 은 심이 한 장씩 끼워져 있다.

벨벨 기어에는 안쪽(총 오른쪽)에 굵은 심이 한 장만 있다.

차세대 전동건
SCAR-L

분해 · 조립의 포인트 👆

- 분해-조립할 때 로어 리시버 오른쪽에 있는 커넥터 부분의 파손에 주의
- 장전손잡이(볼트핸들)는 어퍼 리시버를 열지 않고도 탈착/위치변경 가능
- 그립 및 그립 보텀(바닥)은 차세대 전동건 M4계열과 호환되지 않음
- 피봇 핀 탈락 방지용 스프링의 분실이나 안 끼우고 조립하지 않기 바람
- 분해시 조정간(셀렉터) 레버 주변의 부품 구성을 제대로 파악해야 함

⚙ 어퍼&로어 리시버/스톡의 분할

버 위쪽 뒤의 접시 나사를 푼다. 가늠자를 떼어내고 어퍼(상부) 리시

어퍼 리시버 뒤쪽 좌우에 3개 있는 접시 나사 중 두 개(좌우 총 4개)를 풀어낸다. 가장 앞에 있는 나사는 가짜다.

어퍼 리시버 가운데의, 실총에서는 총열을 고정하는 별나사(스톡 방향)을 좌우 각각 풀어준다.

로어(하부)와 어퍼 리시버를 분리한다.

스톡을 접은 다음 로어 리시버의 스톡 밑동에 있는 육각 볼트와 접시 나사를 풀어준다.

로어 리시버와 스톡을 분리한다. 스톡을 펼쳐놓은 쪽이 이 작업에는 수월하다.

⚠ **분해/조립할 때 커넥터의 파손에 주의**

SCAR-L의 핵심이라고 할 수 있는 로어 리시버 좌우의 커넥터 단자. 조립할 때에는 스톡에서 뻗어 나온 전선의 길이를 조절하면서 접속한다.

어퍼 리시버를 조립할 때에 볼트 리턴 스프링 가이드의 뒤쪽이 스톡 밑동의 구멍에 들어간다.

⚙ 어퍼 리시버의 분해

어퍼 리시버 가운데에 있는 배럴 베이스(배럴 고정부)의 토크 나사와 접시 나사를 풀고 배럴 베이스를 삽부 리시버에서 떼어낸다.

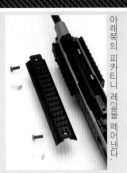

아래쪽의 피카티니 레일을 떼어낸다.

⚠ **총구의 역나사에 주의**

소염기를 떼어낸다.

⚠ **핀 뽑아내는 방향에 주의**

가스 블록을 고정하는 핀을 왼쪽에서 오른쪽으로 밀어 뽑고 가스 블록을 분리한다.

배럴 유닛 뒤쪽을 들어올린다.

어퍼 리시버에서 배럴 유닛을 뽑아낸다.

인너 배럴은 배럴 유닛을 떼어내지 않아도 뽑아낼 수 있다.

장전손잡이(볼트 핸들)은 실총처럼 벨트 좌우 위치도 바꿀 수 있다. 사진은 고정 상태.

90도 돌리면 고정이 풀린다. 상부 리시버를 분해하지 않아도 볼트 핸들이 분리된다.

볼트 핸들은 리시버의 홈에 맞춰 뽑아낸다.

어퍼 리시버에서 볼트, 볼트 커버를 떼어낸다.

어퍼 리시버 앞의 언더 러그를 떼어낸다.

슬링 스위블(멜빵고리) 마운트를 떼어낸다.

좌우의 사이드 레일을 각각 떼어낸다.

케이스 디플렉터를 겸하는 개 머리판 고정 고리의 분리.

부품을 다 떼어낸 어퍼 리시버. 알루미늄 절삭 가공품으로 높은 내구성과 리얼리티를 자랑한다.

⚙ 배럴 어셈블리의 분해

인너 배럴을 누르면서 반시계방향으로 돌린다.

아우터 배럴에서 인너 배럴을 뽑아낸다.

챔버 블록을 고정하는 6개의 나사를 풀어준 뒤 챔버 블록을 분해한다.

챔버 블록에서 아우터 배럴을 뽑아낸다.

챔버 블록에서 리코일 스윙 암을 떼어낸다.

인너 배럴 뒤에 있는 흡업 다이얼 가이드를 떼어내고 흡업 다이얼을 뽑아낸다.

흡업 레버, 흡업 쿠션 가이드, 흡업 쿠션을 떼어낸다.

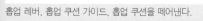

배럴 락을 풀고 인너 배럴, 흡업 챔버를 떼어낸다.

흡업 레버와 흡업 쿠션의 틈에 가이드가 끼어 흡업 쿠션이 앞뒤로 위치가 어긋나지 않게 조심한다.

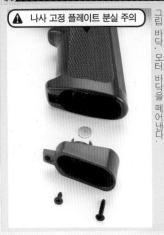

⚠ 나사 고정 플레이트 분실 주의

그립 바닥, 모터 바닥을 떼어낸다.

⚠ 조립시 모터의 방향에 주의

배선을 떼어내고 그립에서 모터를 뽑아낸다.

그립을 분리한다.

탄창 멈치(매거진 캐치)를 분리한다.

로어 리시버 앞의 고정핀을 뽑아내고 기어박스를 조금 들어가며 볼트 캐치를 분리한다.

로어 리시버에서 기어박스를 뽑아낸다.

⚙ 기어박스의 분해

SCAR 전용의 샷&리코일 엔진을 탑재한 기어박스. 차세대 전용건 M4 시리즈용의 기어박스를 베이스로 기어박스 뒤쪽에 연장된 메인스프링을 기어박스 안에 수납했으며 리코일 웨이트를 기어박스 위에 설치했다.

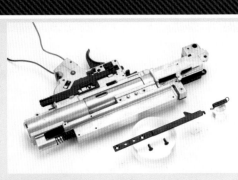

리코일 바, 리코일 바 스프링을 떼어 내고 기어박스 앞에 있는, 리코일 플레이트를 수납하는 커버를 떼어낸다.

⚠ 스프링 분실 주의

커버 왼쪽의 피봇 핀(고정용) 스프링을 잃어버리지 않게 조심한다.

리코일 플레이트를 떼어낸다.

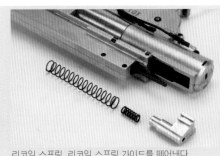

리코일 스프링, 리코일 스프링 가이드를 떼어낸다.

리코일 웨이트를 떼어낸다.

✅ 부품구성 확인

볼트 캐치(노리쇠 멈치)와 연동되는 래치, 래치 스프링, 볼트 캐치 레버를 떼어낸다.

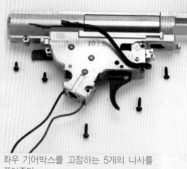

기어박스 우측의 전선 고정 판을 떼어낸다.

좌우 기어박스를 고정하는 5개의 나사를 풀어준다.

⚠ 스프링 튀어나가니 주의

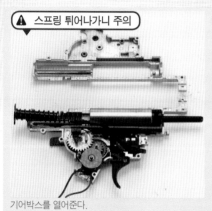

기어박스를 열어준다.

피스톤&메인 스프링, 스프링 가이드를 떼어낸다.

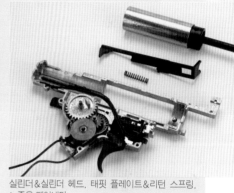

실린더&실린더 헤드, 태핏 플레이트&리턴 스프링, 노즐을 떼어낸다.

베벨 기어, 역회전 방지 래치를 떼어낸다.

섹터 기어를 떼어낸다.

스퍼 기어를 떼어낸다.

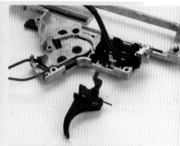

방아쇠와 그 스프링을 떼어낸다.

스위치 유닛을 떼어낸다.

컷오프 레버를 떼어낸다.

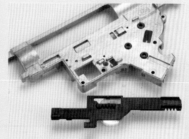

셀렉터 플레이트를 떼어낸다.

리코일 웨이트에서 리코일 가이드 를 떼어낸다.

⚙ 셀렉터 레버의 분해

✅ 부품 구성 확인

셀렉터를 분해하기 전에 부품 구성을 확인해야 한다. 좌우 대칭형의 셀렉터(조정간) 레버는 로어(함부) 리시버 쪽에 기어 유닛을 맞물어 좌우를 돌리시킨다.

왼쪽의 셀렉터 레버는 기어박스쪽의 셀렉터 플레이트와 직접 연동되어 있다. 셀렉터 플레이트 뒤에 있는 기어가 로어 리시버의 기어 유닛에 연결되어 있다.

오른쪽의 셀렉터 레버를 분리한다.

좌측 셀렉터 레버 위에 있는 더미(가짜) 리벳도 떼어낸다.

더미 리벳을 떼어내면 나오는 구멍에 정밀 드라이버등을 꽂아넣어 오른쪽의 셀렉터 플레이트를 고정하는 스토퍼(멈치)를 조심스레 눌러준다.

> ⚠ 조립시 기어 방향에 주의

로어(하부) 프레임쪽의 셀렉터 플레이트와 오른쪽의 셀렉터 레버 기어를 떼어낸다.

왼쪽의 셀렉터 레버와 셀렉터 레버 기어를 떼어낸다.

로어 리시버 뒤쪽의 기어 유닛을 떼어낸다.

> ⚠ 플런저&플런저 스프링 분실 주의

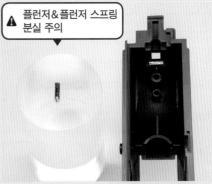

기어 유닛 안쪽에는 플런저 & 플런저 스프링이 들어있으므로 분실하지 않도록 조심한다.

⚙ 스톡의 분해

스톡 베이스를 떼어낸다.

분해하기 전에 전선이 어떻게 배선되어 있는지 체크한다.

개머리판(스톡)을 고정하는 두 개의 육각 볼트를 풀어준다.

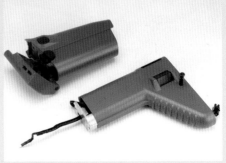

개머리판과 칙 피스(뺨받침)를 분리한다.

퓨즈 박스를 떼어낸다.

슬라이드 레일(은색 부품)과 칙 피스를 잇는 베이스를 분리한다.

릴리즈 버튼(해제 버튼)을 누르면서 슬라이드 레일을 뒤로 뽑아낸다.

버트 플레이트 고정 핀, 슬라이드 레일 고정 유닛을 잡아주는 접시 나사를 풀어준다.

슬라이드 레일 고정 유닛, 텐션 스프링, 버트플레이트 고정핀 고정용 스프링을 떼어낸다.

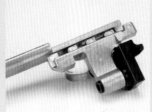

슬라이드 레일과 고정부는 이처럼 맞물린다. 확실하면서도 부드럽게 결합된다.

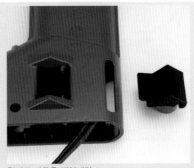

릴리즈 버튼을 떼어낸다.

스톡 안에서 전선을 끄집어낸다.

도쿄 마루이

전동건 하이사이클
M4 CRW

✌ 분해·조립의 포인트

- 표준 전동건 M4A1 카빈과 분해조립 방법이 같다
- 결합핀(테익다운 핀)이나 방아쇠 핀 등을 잃어버리기 쉽다
- 어퍼(상부) 리시버 뒤의 테익다운 핀 고정부가 망가지기 쉽다
- 분해조립 후, 특히 배럴 고정 나사등을 주기적으로 조여줘야 한다
- 리시버나 챔버 블록 등은 비(非)일본제 커스텀 부품과 호환성 없음

⚙ 기본분해/리시버 분해

⚠ 결합핀 분실 주의

리시버 뒤에 있는 테익다운 핀(결합핀)을 왼쪽에서 오른쪽으로 밀어 뽑는다.

⚠ 이 곳 파손에 주의

어퍼 리시버와 로어(하부) 리시버를 분리한다.

리시버 앞에 있는 결합핀을 왼쪽에서 오른쪽으로 밀어 뽑는다.

로어와 어퍼 리시버가 완전히 분할된 상태.

⚙ 아우터 배럴의 분해

델타 링을 뒤로 당겨 핸드가드를 뽑아낸다.

어퍼(상부) 핸드가드를 고정하는 육각 볼트 4개를 푼다.

어퍼 핸드가드 앞에 있는 나사를 풀어준다.

✓ 총구 역나사에 주의

총구 부분의 나사는 역나사이므로 소염기를 시계방향으로 돌려야 풀린다.

어퍼 핸드가드를 떼어낸다.

두 개의 핀을 핀 펀치등으로 두들겨 뽑은 뒤 아우터 배럴에서 가늠쇠 베이스를 뽑아낸다.

가늠쇠 베이스를 고정하는

⚠ 돌기 파손에 주의

델타링 앞에 있는 돌기를 배럴 베이스 앞쪽의 홈에 맞춰 돌린다.

⚠ 조립시 앞뒤 방향 주의

핸드가드 링 뒤의 나사를 풀어 핸드가드 링을 떼어낸다.

앞쪽의 어퍼 핸드가드 베이스를 떼어낸다

델타 링, 델타 링 스프링을 총에서 분리한다.

아우터 배럴을 앞으로 당기면서 배럴 베이스를 풀어준다.

뒤쪽의 어퍼 핸드가드 베이스를 떼어낸다.

어퍼 리시버에서 아우터 배럴, 배럴 베이스를 떼어낸 모습.

⚙ 인너 배럴의 분해

홉업 다이얼을 분리한다.

⚠ 스프링 워셔 파손 / 분실에 주의

홉업 조정용 기어를 고정하는 두 장의 스프링 워셔를 떼어내고 홉업 조정용 기어를 두 장 떼어낸다.

✓ 조립시 홉업 쿠션 확인

홉업 암을 고정하는 핀을 뽑고 홉업 암, 홉업 쿠션을 떼어낸다.

배럴 락 파츠를 떼어내고 인너 배럴을 챔버 블록에서 떼어낸 뒤 인너 배럴에서 홉업 챔버를 분리한다.

⚙ 기어박스 꺼내기

버트 플레이트를 떼어낸다.

스톡 안에 있는 플러스 고정나사(길죽한 것)를 풀어 로어 리시버에서 스톡을 뽑아낸다.

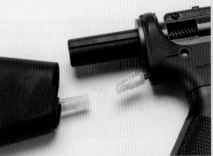

커넥터를 분리해서 하부 리시버와 스톡을 분리한다.

스톡 링을 떼어낸다.

⚠ 고정 플레이트 분실에 주의

그립 바닥에 있는 두 개의 나사를 풀어 그립 바닥과 나사 고정 플레이트를 분리한다.

⚠ 조립시 모터의 방향에 주의

모터와 배선의 위치 관계. 플러스 단자(붉은 전선)가 앞, 마이너스 단자(검은 선)가 뒤쪽이다. 붉은 코드는 모터 위를 감듯이 지나간다.

모터를 그립에서 뽑아낸다.

그립 앞쪽에 있는 두 개의 나사를 풀어 로어 리시버와 그립을 분리한다.

탄창멈치 버튼의 고정 나사를 풀어 탄창 멈치와 탄창 멈치 스프링을 분리한다.

✓ 역회전 방지핀 사용

역회전 방지 가공이 된 방아쇠 핀을 왼쪽에서 밀어 오른쪽으로 뽑는다.

로어 프레임 앞뒤에 있는 챔버 하부 파트의 나사를 풀어준다.

기어박스를 조금 들어올려 챔버 하부의 파트를 떼어낸다.

✓ 조정간 레버 위치 확인

셀렉터 레버를 안전과 단발의 중간에 놓고 로어 리시버에서 기어박스를 들어낸다. 전선이 로어 리시버에 걸리지 않게 조심한다.

⚙ 기어박스의 분해

✅ 역회전 방지 래치 해제

분리해 낸 하이사이클 전용 기어박스. 차별화를 위해 검은색으로 만들었다. 가장 스트레스가 많이 걸리는 앞부분이 강화되어있다.

가느다란 철사(피아노선 등 단단한 것이 좋다)를 이용, 역회전 방지 래치를 해제하고 피스톤을 전진시킨다.

기어박스를 고정하는 2개의 접시머리 나사, 두 개의 태핑 나사, 4개의 별나사를 푼다.

⚠ 스프링 튀어나가니 주의

실린더를 손가락으로 누르면서 기어박스를 신중하게 연다.

하이사이클 전용 기어박스 내부의 부품 구성. 기어, 스프링, 실린더, 피스톤, 베어링등이 전용품이다.

스프링과 스프링 가이드를 떼어낸다.

실린더에서 피스톤을 떼어낸 모습.

태핏 플레이트 스프링을 떼어낸 뒤 실린더 헤드&실린더, 태핏 플레이트, 노즐을 떼어낸다.

베벨 기어, 역회전 방지 래치 스프링, 섹터 기어, 스퍼 기어 순서로 떼어낸다.

✅ 심의 종류 확인

섹터 기어에는 안쪽에 얇은 심, 바깥쪽에 얇은 심이 사용되어 있다.

스퍼 기어에는 안쪽에 얇은 심, 바깥쪽에 두꺼운 심이 사용되어 있다.

베벨 기어에는 안쪽에 두꺼운 심과 얇은 심이 각 한장씩 사용되어 있다.

방아쇠&방아쇠 스프링을 분리한다.

스위치 리턴 스프링을 떼어낸다.

스위치 유닛을 고정하는 나사를 풀어 스위치, 스위치 유닛을 떼어낸다.

컷오프 레버 스프링을 정밀 마이너스 드라이버등으로 떼어낸다.

기어박스 좌측 안쪽에 있는 컷오프 레버를 떼어낸다.

셀렉터 플레이트와 연동된 세이프티 레버를 떼어낸다.

⚠ 조립시 세이프티 레버 방향에 주의

셀렉터 플레이트를 앞으로 밀어 준듯해서 떼어낸다. 셀렉터

도쿄 마루이

전동건 하이사이클
MP5K

분해・조립의 포인트 👆

- 다른 MP5시리즈와는 내부구조가 다름
- 노멀 모델의 MP5K와도 배선이나 배터리 수납 방법등이 다름
- 하이사이클 전용 버전3 기어박스 채택
- 조립시에는 셀렉터 부품의 방향이나 조립에 주의
- 분해 및 조립시에 기어박스 상부 플레이트의 변형, 조립 방향등에 주의

⚙ 기본분해/기어박스 꺼내기와 분해

포어그립(전방손잡이)를 고정하는 핀을 뽑아 포어그립을 빼낸다.

리시버 캡 핀 두개를 뽑아 리시버 캡을 분리한다.

마운트 베이스를 떼지 않고도 기어박스 분해가 가능하다. 마운트 베이스를 떼어낸다.

리시버 고정 핀을 빼낸다.

⚠ 그립 바닥 앞뒤 방향에 주의

그립 바닥과 모터 바닥을 빼낸다.

모터 단자에서 전선을 떼어내고 모터를 들어낸다.

기어박스를 고정하는 그립 내부의 나사 두 개를 풀어낸다.

셀렉터 (조정간) 레버를 안전 위치로 놓고 좌우 셀렉터 레버를 제거한다.

조립할 때에는 셀렉터 레버의 위치를 안전(세이프) 위치에 놓는다.

✓ 셀렉터 레버 위치확인

✓ 셀렉터 파트의 임시 고정 필요

셀렉터 파트를 뒤쪽에서 본 모습. 앞에서 테이프로 고정하면 나중에 조립하기 쉽다.

로어 리시버를 조금 뒤로 끌어당겨 로어 프레임과 기어박스를 분리한다.

⚠ 전선 취급에 주의

조립할 때에는 두 개의 모터 전선을 그립 내부 앞쪽의 구멍에 넣듯이 처리한다.

⚠ 전선의 파손/단선 주의

어퍼 리시버에서 기어박스를 들어낸다.

검은색 처리된 하이사이클 전용의 버전3 기어박스. 노멀 MP5K에 비해 배터리 접속 커넥터가 더 뒤쪽에 있다. 기본적인 구조는 큰 차이가 없다.

기어박스 아래의 모터 하우징을 떼어낸다.

⚠ 플레이트 변형에 주의

기어박스 위의 플레이트를 드라이버 등으로 앞으로 밀어 벗겨낸다.

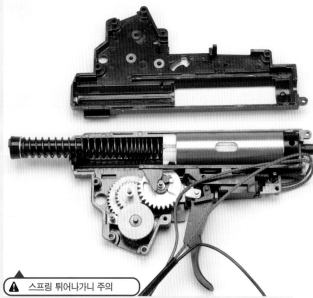

⚠ 스프링 튀어나가니 주의

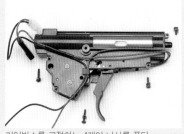

기어박스를 고정하는 4개의 나사를 푼다.

방아쇠 뒤에 있는 코드 스토퍼에서 전선을 분리한다.

실린더를 누르면서 메인스프링이 튀어나가지 않게 조심하며 기어박스를 조심스레 열어준다.

⚙ 배럴의 분해

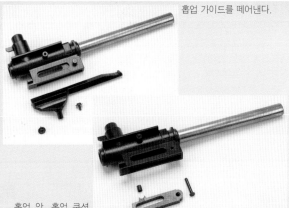

홉업 가이드를 떼어낸다.

어퍼 리시버에서 인너 배럴 유닛을 뽑은 다음 인너 배럴 가이드를 분리한다.

홉업 암, 홉업 쿠션을 떼어낸다.

배럴 락을 벗겨 인너 배럴, 홉업 챔버, 칼러를 떼어낸다.

⚙ 코킹 핸들(장전손잡이)의 분해

가늠쇠(프론트 사이트)에 고정된 육각 나사를 풀어 가늠쇠를 떼어낸다.

코킹핸들 리턴 스프링 가이드를 떼어낸다.

코킹 핸들을 고정 위치에 두고 코킹 핸들을 고정한 나사를 풀어준 다음 코킹 핸들을 분리한다.

P-90

분해·조립의 포인트 ☝

- 전동건 표준 타입들 중 분해조립이 가장 쉬움
- 부품 숫자가 적고 정비성과 내구성이 모두 우수
- P-90TR, PS90HC 모두 분해조립 방법이 동일
- 조립시 기어박스 오른쪽에 집중된 배선의 취급에 주의
- 분해조립시에는 기어박스 상부의 플레이트 변형, 끼워지는 방향에 주의

⚙ 기본분해/기어박스 들어내기

테익다운(분해) 버튼을 눌러 배럴 어셈블리를 뽑아낸다.

기어박스를 분리하려면 먼저 버트 플레이트(어깨받이)를 벗겨낸다.

기어박스를 누르는 플레이트의 고정 나사 두 개를 푼다.

전선을 플레이트의 갈고리에서 떼어낸다 그 뒤 플레이트의 구멍에서 퓨즈 박스를 끄집어 낸다.

플레이트 상부를 앞으로 당긴 뒤 위로 밀듯 움직여 리시버와의 결합을 풀어준다. 그 다음 플레이트 전체를 뒤로 당겨 기어박스와의 결합도 풀어준다.

플레이트는 리시버에 끼워진 형태이므로 사진처럼 아래를 당겨 비스듬히 기울이듯 리시버에서 끄집어 낸다. 나사를 잡아주는 사각형 너트를 잃어버리지 않게 조심.

리시버에서 기어박스를 꺼낸다. 꺼내기 어려울 때에는 리시버 뒤를 아래로 두고 책상 위쪽 등으로 가볍게 두들기면 나온다.

리시버에서 기어박스를 꺼낸 모습. 전동건 표준 타입 중에서는 가장 기어박스 꺼내기가 쉽다.

⚙ 모터 부분의 분해

 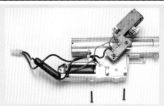 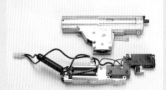 

스위치 부분 우측의 앞쪽 아래에 있는 특수 나사 3개를 풀어준다. 가장 뒤에 있는 것만 미터 규격 나사다.

스위치 부분 아래에 있는 모터 케이스 고정 나사(플러스 접시머리 나사 두개)를 풀어준다.

모터 케이스를 아래로 빼서 분리한다.

모터의 단자로부터 전선을 조심스레 벗겨내고 모터 케이스 맨 앞의 짧은 나사를 푼다.

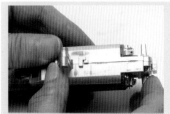   

모터 케이스는 상하 2곳의 갈고리로 고정되어 있으므로 좌우의 모터 케이스를 어긋나게 움직여 갈고리를 풀어준다.

모터 케이스를 열어준다.

⚠ 나사 고정 플레이트 분실 주의

모터, 나사 고정 플레이트를 꺼낸다.

모터 케이스를 소립할 때에는 모터 스프링을 확실히 세팅한다. 나사 고정 플레이트도 잊으면 안된다.

기어박스 본체 분해

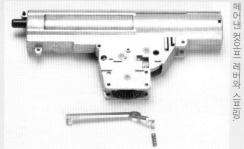

떼어낸 컷오프 레버와 스프링.

✓ 역회전 방지 래치 해제

컷오프 레버의 나사를 푼다. 먼저 스프링을 벗겨낸 다음 풀어주는 편이 낫다.

아래쪽에서 역회전 방지 래치를 가는 드라이버 등으로 눌러 해제한다.

기어박스 앞쪽의 위에 있는 특수 나사를 푼다.

기어박스 위에 끼워진 플레이트를 벗겨낸다.

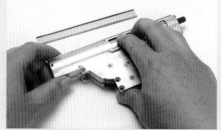

기어박스 측면의 구멍으로 실린더를 손가락으로 누르면서 기어박스를 천천히 연다. 스프링이 튀어나가지 않게 주의.

⚠ 스프링 안 튀어나가게 조심

조금 열렸을 때 스프링을 누르면서 그대로 천천히 열어준다.

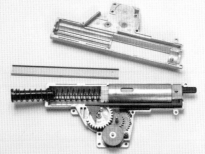

기어박스가 열리면 각 부품의 위치와 관계를 기억해둔다.

태핏을 먼저 분리한 뒤 실린더, 피스톤&스프링, 노즐을 한 번에 기어박스에서 떼어낸다.

배럴의 분해

챔버를 조금 앞으로 누르면서 우에서 좌로 90도 돌려 떼어낸다.

돌기와 홈이 맞으면 그대로 배럴을 뒤로 뽑아낸다.

뽑아낸 배럴 어셈블리. 유지보수가 매우 쉽다.

스프링을 떼어내고 챔버 스토퍼를 위쪽으로 뽑아낸다.

홈과 돌기를 맞춰 조절 다이얼을 앞으로 빼낸다.

홉업 조정 핀을 뽑고 조정 레버와 고무 쿠션을 떼어낸다.

배럴을 홉업챔버가 붙은 채로 천천히 떼어낸다.

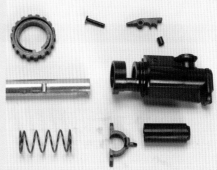

완전 분해가 끝난 홉업 챔버.

M14

분해 · 조립의 포인트 👆

- 전동건 스탠다드 타입 유일의 버전 7 기어박스를 도입
- 노즐이나 실린더등 버전 7 전용 부품을 채택
- 조립시 모터에 연결된 전선이 떨어지기 쉽다
- 조립시 개머리판 안에 퓨즈가 달린 전선이 들어가 있지 않으면 조립이 불편해짐
- 우드 타입, 파이버(검은색 플라스틱)타입, M14 SOCOM모두 분해조립 방법은 같다

⚙ 기본분해/배럴의 분해

⚠ 스톡 안쪽의 전선을 확인

방아쇠울(트리거 가드)를 잡아당겨 트리거 하우징을 리시버에서 떼어낸 뒤 리시버를 비스듬하게 놓고 들어올려 전선의 커넥터를 분리한다. 그 다음 리시버를 스톡으로부터 떼어낸다.

소염기의 고정 나사(M3 육각나사)를 풀고 소염기 고정 링을 오른쪽으로 돌려 소염기를 아우터 배럴로부터 제거한다.

가스 실린더 아래에 있는 고정 나사(M3 육각나사)를 푼 다음 가스 실린더를 앞으로 잡아 뺀다.

핸드가드의 걸쇠가 리시버 앞의 홈에 끼워지므로 좌우로 벌리듯 핸드가드를 떼어낸다.

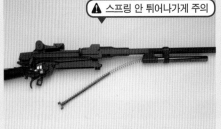

⚠ 스프링 안 튀어나가게 주의

리코일 스프링을 스프링 가이드와 함께 잡아당겨 뽑아낸다.

✓ 나사의 종류 확인

커넥터 아래의 나사(앞이 8mm, 뒤가 6mm)를 풀고 커넥터를 떼어낸다.

오퍼레이팅 브래킷의 나사를 풀고 브래킷을 분할해서 오퍼레이팅 로드를 제거한다.

✓ 나사의 종류 확인

배럴 고정부 아래의 나사 네 개를 제거한다. 나사는 앞이 6mm, 뒤가 8mm 이다.

리시버 아래의 앞에 있는 두 개의 나사를 풀고 배럴 고정부를 제거한 뒤 아우터 배럴을 잡아 뺀다.

⚙ 리시버의 분해

리시버 아래에 있는, 워셔가 딸린 3mm 나사와 뒤에 있는 2mm 나사를 풀고 리시버 핀도 제거한다.

볼트 스톱의 샤프트를 뽑아 볼트 스톱을 제거한다. 이 때 아래의 나사를 잘 챙긴다 · 볼트 스톱 스프링도 잃어버리지 않게 조심한다.

어퍼 리시버를 분리한다. 프레스제 챔버 커버도 제거한다.

⚙ 기어박스의 분해

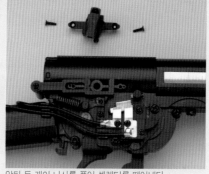

기어박스를 들어올려 로어 리시버에서 분리한다.

분리해 낸 버전7 기어박스. 컴팩트하게 만들어져 있으며 모터는 스톡 안에 수납되도록 뒤로 뻗어있다. 노즐은 위쪽으로 기울어져 있다.

앞뒤 두 개의 나사를 풀어 셀렉터를 떼어낸다.

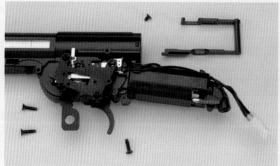

좌측의 트리거 메카 패널에서 4개의 나사를 풀고 ⊏자 모양의 셀렉터 파트를 떼어낸다. 패널의 나사는 오른쪽 위가 짧다.

트리거 메카 플레이트를 분리한 뒤 컷오프 레버도 떼어낸다. 방아쇠와 연봉되어 스위치를 누르는 플레이트도 떼어낸다.

앞뒤 나사를 풀고 스위치 플레이트를 떼어낸다.

✅ 나사의 종류 확인

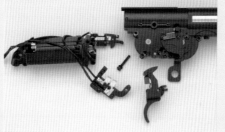

⚠ 스프링 튀어가니 주의

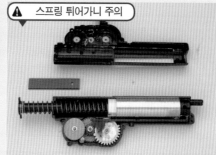

기어박스 오른쪽의 나사를 푼다. 나사의 길이가 다르므로 각각의 나사 위치를 확인해 둔다.

방아쇠를 제거하고 방아쇠 스프링 아래의 특수 나사도 떼어내면 모터 하우징이 분리된다.

상부의 플레이트를 뒤로 잡아 뺀 뒤 기어박스를 천천히 분할한다.

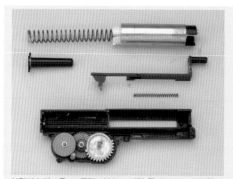

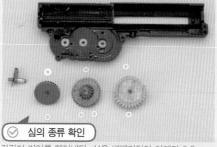

✅ 심의 종류 확인

각각의 기어를 떼어낸다. 심은 베벨기어의 아래가 0.3mm, 위가 0.5mm. 스퍼 기어는 아래가 0.3mm, 위가 0.3mm와 0.2mm. 섹터 기어는 아래가 0.3mm, 위가 0.3mm이다.

실린더&피스톤, 스프링 가이드, 태핏 플레이트&태핏 플레이트 스프링을 제거한다.

태핏 플레이트와 노즐의 형태. 노즐은 배럴의 축선에 맞추기 위해 위쪽으로 비스듬하게 설치되어 있다.

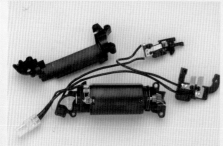

모터 하우징을 분할하면 모터가 나온다.

모터 하우징의 미세조정은 캠을 이용해서 한다.

태핏 플레이트 스프링은 기어박스를 조립한 뒤에 기어박스 왼쪽에 뚫린 홈을 통해 넣어준다.

89식 5.56mm 소총

분해 · 조립의 포인트

- 기계적 3점사 기구가 달린 버전8 기어박스 채택
- 나사가 많이 있으므로 조립할 때 섞이지 않게 주의
- 로어 리시버에서 기어박스를 꺼낼 때 기어가 빠지지 않게 주의
- 조립시 기어박스 오른쪽에 집중된 배선의 취급에 주의
- 분해조립시에는 기어박스 상부의 플레이트 변형, 끼워지는 방향에 주의

기본분해/리시버 분해

핸드가드의 고정핀을 반쯤 뽑고 핸드가드 전체를 앞으로 밀 듯 해서 좌우 핸드가드를 분리한다.

버트플레이트를 뒤로 당기면서 90도 돌린 다음 안쪽에 있는 나사를 긴 플러스 드라이버로 풀어준다. 그렇게 해서 개머리판을 리시버에서 떼어낸다.

개머리판 내부의 프레임(스톡 인너) 고정나사(뒤가 크고 옆이 작다)를 풀어서 프레임을 리시버에서 떼어낸다.

탄창 삽입구 안쪽에 매거진 립(탄창 주둥이)과 닿는 부품은 나사를 풀면 빠지지만 굳이 빠지지 않아도 배럴 분해가 가능하다.

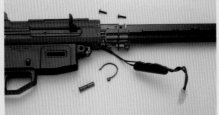

리시버 고정핀을 오른쪽으로 뽑고 리시버 고정부 위의 나사 둘을 푼다. 전선을 고정하는 밴드도 벗겨둔다.

어퍼 리시버의 앞에 있는 좌우 4개의 나사를 풀면면 배럴 어셈블리를 리시버에서 떼어낼 수 있다.

⚠ 전선 취급에 주의

어퍼 리시버는 그대로 앞쪽으로 밀어서 빼면 기어박스나 로어 리시버와 분리할 수 있다.

어퍼 리시버 안에는 더미 볼트나 스프링이 있다. 내부의 나사를 풀면 좌우 분할이 되지만 굳이 그럴 필요는 없다.

기어박스 위의 기어박스 고정판을 잡아주는 두 개의 나사(하나는 특수 나사)를 풀고 고정판을 앞으로 당기듯 기어박스에서 빼 낸다.

⚠ 나사 고정 플레이트 분실주의

그립 바닥판을 고정하는 볼트와 나사를 뽑고 그립 바닥을 떼어낸다. 앞의 볼트는 육각 렌치로 풀고 가운데의 나사고정 플레이트에 주의한다.

⚠ 조립시 모터의 방향에 주의

모터에 연결된 단자 부분이 망가지지 않게 조심하면서 2개(적+, 흑-)의 전선을 분리한다. 모터를 그립 안에서 밖으로 꺼낸다.

그립 안쪽에서 기어박스를 고정하는 4개의 나사를 풀어준다. 익숙해지면 완전히 꺼내지 않아도 된다.

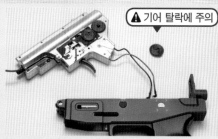

⚠ 기어 탈락에 주의

하부 리시버 좌우의 셀렉터(조정간) 레버와 셀렉터 가이드를 각각의 나사를 풀어 떼어낸다. 왼쪽의 셀렉터 가이드는 떼어내기 힘드니 철심등을 사용한다.

전선 끝의 단자를 로어 리시버에 걸리지 않게 조심하면서 기어박스와 로어 리시버를 분리한다. 이 때 반대쪽의 기어에 주의.

탄창 멈치나 내부 부품도 제거한다. 하지만 굳이 그럴 필요는 없다. 만약 멈치의 내부 부품들이 분리됐다면 원래대로 되돌릴 것.

⚙ 기어박스의 분해

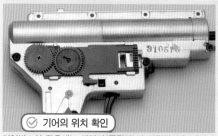

✓ 기어의 위치 확인

기어박스의 좌우에는 셀렉터(조정간)와 안전장치용 기어가 있다. 분해하기 전에 기어(레버와 맞물리는 홈)의 위치를 기억해 둘 것.

⚠ 기어의 조립 착오에 주의

사진 왼쪽이 기어박스 오른쪽에 있는 안전용의 캠 부착 기어로, 오른쪽이 셀렉터용의 캠 부착 기어다. 조립할 때 혼동하지 않게 조심.

기어의 중심에 있는 나사를 풀고 셀렉터&안전 기어와 맞물리는 좌우의 셀렉터 연결 기어를 떼어낸다. 상하 2개의 플런저가 있으니 주의.

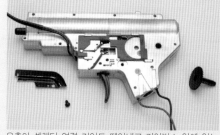

우측의 셀렉터 연결 기어도 떼어내고 기어박스 앞에 있는 코드 고정부품(검은 플레이트)도 나사를 풀어 떼어낸다.

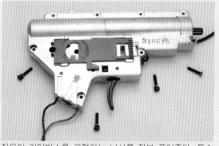

좌우의 기어박스를 고정하는 나사를 전부 풀어준다. 특수 나사도 있으므로 T-10 토크렌치를 사용한다. 앞의 한 개가 접시머리 나사로 되어있다.

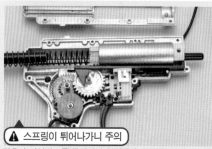

⚠ 스프링이 튀어나가니 주의

좌우의 기어박스를 조심해서 열어준다. 역회전 방지 래치를 해제하는 편이 좋지만, 래치가 뒤에 있으므로 해제하지 않아도 조심해서 열면 된다.

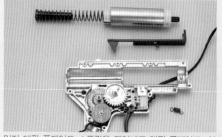

먼저 태핏 플레이트 스프링을 떼어내고 태핏 플레이트, 실린더, 피스톤, 메인스프링, 스프링 가이드를 한꺼번에 들어낸다. 조립할 때에는 태핏 스프링을 맨 마지막에 조립한다.

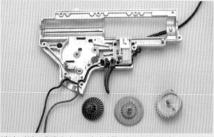

섹터 기어, 베벨기어, 스퍼기어를 각각 분리한다. 기어에 달려있는 심(워셔)의 두께와 장수를 잊지 말 것.

섹터 기어의 외형이나 톱니 크기의 규격, 장수 등은 같지만 3점사 기구가 달려있기 때문에 캠의 형태가 종래의 것과 다르다. 스퍼 기어는 기존 제품과 호환성이 있는 듯 하다.

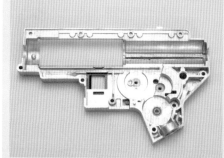

전체의 형태는 버전2 기어박스의 형태이지만 내부가 상당히 다르며 특히 오른쪽에는 상당한 변화가 엿보인다. 점사 기구의 추가에 의한 변경은 물론이지만, 기어를 감싸듯 형태가 바뀌면서 기어 소음이 차단되고 작동음도 저하된 듯 하다. 제조 정밀도 역시 당연히 높아졌을 것이다.

3점사 기구는 3발을 기계적으로 세는 부품과 그것을 움직이는 래치로 구성된다. 종래의 컷오프 레버가 발수를 세는 부품(카운트 파트)이 되어 세번째 발사된 직후에 전원을 차단한다. 또한 래치가 작동하는 것은 코킹 직후로, 방아쇠를 당길 때에는 래치 전방에 위치하므로 공격발로 4발이 발사될 일은 없다. 방아쇠를 되돌리면 카운트 파트가 원상복귀되므로 점사 도중에 방아쇠를 되돌려도 다음의 발사는 처음부터 3발이 다시 나간다. 사진은 셀렉터가 3점사 위치에 있는 상태. 셀렉터 플레이트는 조금 아래로 내려간 상태.

3발째 발사 후, 카운트 파트는 컷오프 레버의 역할을 해서 스위치를 트리거 바에서 떼어내고 스위치가 스프링으로 되돌아가 전원이 차단된다. 그 뒤 방아쇠를 놓으면 카운트 파트가 최초 상태로 돌아가며 다시 방아쇠를 당기면 점사가 반복된다.

전동 컴팩트 서브머신건
MP7A1

분해 · 조립의 포인트

- 블랙모델, 탠 컬러 모델 모두 분해조립 방법이 같음
- 기어박스 분해시 역회전 방지 래치를 미리 해제할 것
- 조립시 전선 단자를 일단 리시버 밖으로 꺼낼 필요가 있음
- 조립시 코킹 레버 스프링의 조립을 잊지 말 것
- 조립시 컷오프 돌기와 컷오프 로드의 홈을 잘 맞출 것

⚙ 리시버의 분해

✔ 나사의 종류 확인

가늠쇠(프론트 사이트)를 떼어내고 레일 위에 있는 3개의 나사를 풀어 마운트 레일을 떼어낸다. 나사는 앞쪽 한 개가 길다(8mm).

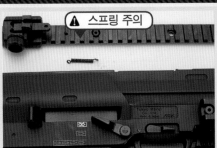

⚠ 스프링 주의

마운트 레일을 떼어낸 뒤 그 아래에 있는 코킹 레버 스프링을 떼어낸다. 조립할 때 잊지 않도록 한다.

좌우에 있는 스톡 레버와 스톡 릴리즈 레버를 동시에 들어 올리면서 스톡 어셈블리를 떼어낸다.

리시버 위에 있는 구멍에 플러스 드라이버를 넣고 더미 볼트와 코킹 핸들(장전손잡이)를 연결하는 나사를 풀어준다.

리시버 뒤의 리어 캡을 고정하는 고정핀(락 핀)의 나사를 위아래 둘 모두 풀어준다.

나사를 풀어낸 뒤 리어캡을 고정하는 두 개의 고정 핀을 당겨 뺀다. 잘 안 빠지면 반대쪽에서 육각 렌치로 밀어서 빼면 된다.

리어캡을 코킹 핸들과 함께 리시버에서 끄집어낸다. 잘 안 되면 틈 사이에 가느다란 마이너스 드라이버등을 꽂아 벌리며 뺀다.

시리얼 플레이트(총번 번호판)을 떼어내고 기어박스 아래를 지탱하는 기어박스 스페이서를 꺼낸다. 기어박스를 들어올리는 식으로 꺼내면 쉽게 빠진다.

⚠ 전선 파손 주의

단자가 망가지지 않게 신중하게 전선을 잡아당긴다. 기어박스를 리시버에 넣을 때에는 완전히 넣기 전에 여기서 전선을 꺼내둔다. 전선의 연결은 플러스(적)이 짧고 마이너스(흑)이 앞으로 길게 뻗은 상태로 되어있다.

전선 단자를 먼저 리시버의 구멍에 밀어넣고 걸리지 않게 조심하면서 기어박스를 리시버에서 뒤쪽으로 잡아 뺀다.

기어박스를 꺼낸 뒤 인너 배럴과 홉업챔버를 꺼낸다.

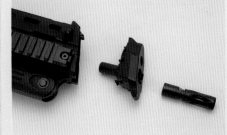

소염기는 역나사로 되어있으므로 시계방향으로 돌리면 풀리며 가늠쇠에서 빠진다.

⚙ 배럴의 분해

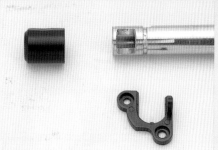

챔버 앞에 있는 2개의 나사를 풀어 인너 배럴을 뽑아낸다.

인너 배럴에서 홉업 챔버를 제거한다.

나사를 풀고 홉업 다이얼을 제거한다.

⚙ 기어박스의 분해

⚠ 별나사에 주의

좌우의 기어박스를 고정하는 특수 나사를 풀어준다. 이걸 풀려면 T6의 별나사용 드라이버가 필요하다.

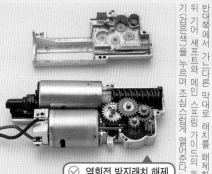

✓ 역회전 방지래치 해제

반대쪽에서 가는 막대로 래치를 해제한 뒤 기어 샤프트와 메인 스프링 가이드의 돌기(검은색)을 누르며 조심스럽게 열어준다.

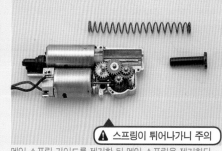

⚠ 스프링이 튀어나가니 주의

메인 스프링 가이드를 제거한 뒤 메인 스프링을 제거한다.

가운데의 스퍼 기어, 오른쪽의 스퍼 기어, 섹터 기어를 제거한다. 실린더나 피스톤부터 제거해도 된다.

기어박스에서 실린더와 피스톤 전체를 제거한다. 실린더 헤드 부분에 노즐이 끼워져 있다. 실린더 아래에 있는 태핏 플레이트에 주의.

기어박스의 모터 회전 멈치 부분을 제거한다. 안에는 모터 미세조정용 나사와 캠이 있다. 캠은 작은 부품이므로 핀셋을 이용해 다룬다.

모터를 꺼낸다. 모터 앞에는 꽃잎 모양의 스프링이 있다. 꽃잎이 열려있는 방향이 모터 쪽이다.

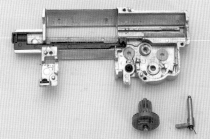

베벨 기어와 래치를 분리한다. 래치에 붙어있는 래치 스프링을 잃어버리지 않게 주의. 조립할 때 먼저 래치를 세팅한 뒤 베벨 기어를 넣는다.

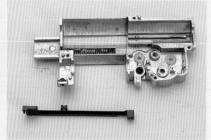

스프링이 튀어나가지 않게 조심하면서 태핏 플레이트를 떼어낸다. 조립할 때에는 먼저 스프링을 세팅하고 드라이버등으로 누르면서 플레이트를 넣는다.

실린더에서 피스톤을 꺼낸다. 조립할 때에는 노즐 방향과 헤드의 방향에 주의.

✓ 부품 결합상태 확인

기어박스를 리시버에 세팅할 때에는 컷오프의 돌기(凸)를 리시버쪽에 있는 컷오프 로드의 홈(凹)에 확실히 맞물리게끔 조립한다. 리시버를 조금 벌리고 더미 볼트를 내려서 잘 맞는지 확인한다.

전동 샷건
AA-12

분해 · 조립의 포인트

- ●독창적인 3피스 구조의 기어박스를 채용
- ●그립 플레이트를 떼어내지 않으면 기어박스등을 꺼낼 수 없음
- ●기어박스 분해시 역회전 방지 래치를 미리 해제할 것
- ●흡업 시스템이 복잡하므로 사전에 부품 구성을 파악해 둘 것
- ●나사가 많이 사용되었으므로 나사를 재결합할 때 혼동하지 않게 주의

⚙ 스톡의 분해

스톡 인너(내부 프레임)를 고정하는 나사를 풀고 스톡 인너를 제거한다.

탄창 가이드 파트를 제거한다.

탄창 가이드 세트를 고정하는 육각 나사를 푼다.

✓ 그립 플레이트 제거 필수

⚠ 들어가는 방향에 주의

본체 중앙 좌우에 있는 스톡 클립 세트를 제거한다.

가늠자 뒤에 있는 고정 버튼을 누르면서 락 플레이트를 들어올린다.

드라이버등으로 앞을 끌어 당기면서 그립 안에 있는 그립 플레이트를 뽑아낸다.

몸통 좌측을 아래로 향하게 한 뒤 스톡 우측을 뒤로 밀어 뺀다.

좌우의 스톡을 분할한다.

스톡 내부에 7곳(주로 스톡 뒤나 부분에 집중)에 있는 힌지(회전축)는 앞으로 밀어야 한다. 이 갈고리형으로 되어있어 조립할 때에 우측 그립

가스 파이프에 있는 두 곳의 구멍에서 보이는 나사 두 개를 풀면 스톡으로부터 한꺼번에 기어박스와 배럴 어셈블리가 끄집어진다.

⚙ 배럴 어셈블리의 분해

탄창 가이드와 가이드 바를 제거한다.

볼트 가이드와 가늠자 베이스를 고정하는 나사 4개를 제거한다.

가늠자 세트를 제거한다.

볼트 레일을 잡고 볼트를 뒤로 당겨 볼트 가이드로부터 제거한다.

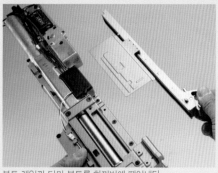

볼트 레일과 더미 볼트를 한꺼번에 떼어낸다.

⚠ 부품 분실 주의

볼트 가이드 위쪽(볼트 레일과 닿는 쪽)에는 클릭 핀&스프링이 있으므로 잃어버리지 않게 조심한다.

볼트 가이드를 떼어낸다.

네 개를 좌우 모두에서 제거한다.

아우터 배럴을 챔버 케이스에 고정하는 나사

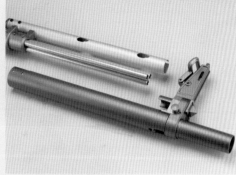

아우터 배럴을 제거한다.

프론트 캡을 아우터 배럴에 고정하는 두 개의 접시머리 나사가 홈을 통해 보인다. 그것을 풀어낸다.

챔버 케이스에 가스파이프를 고정하는 나사 4개를 좌우에서 풀어내고 가스파이프를 떼어낸다.

볼트 가이드를 제거한다.

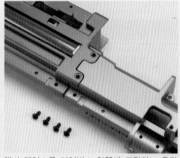

챔버 케이스를 기어박스 앞쪽에 고정하는 육각 나사를 풀어준다(좌우 합계 4개).

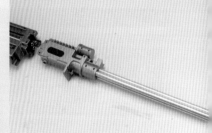

인너 배럴과 일체가 된 챔버 케이스를 떼어낸다.

⚙ 인너 배럴의 분해

챔버 케이스를 고정하는 태핑 나사 3개를 풀어낸다.

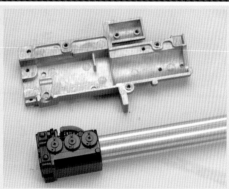

챔버 케이스에서 인너 배럴을 떼어낸다.

로딩 게이트 뒤에 있는 4개의 나사를 풀면 홉업 챔버와 로딩 게이트, 챔버 커버 하부를 떼어낼 수 있다.

로딩 게이트에서 BB탄 스토퍼와 두 개의 스프링을 떼어낸다.

챔버 커버 위를 떼어낸다.

✓ 홉업 텐셔너의 방향 확인

챔버에서 홉업 쿠션과 홉업 텐셔너를 떼어낸다.

챔버 아래에 있는 두 개의 인너 배럴을 떼어낸다.

남은 위쪽의 인너 배럴을 떼어낸다.

각각의 인너 배럴에서 챔버를 떼어낸다.

챔버 커버 위에서 우측의 암과 다이얼을 제거한다.

중앙의 암과 암 가이드, 다이얼을 제거한다.

좌측의 암과 암 가이드, 다이얼을 제거한다.

⚙ 기어박스의 분해

모터 하우징 뒤에 있는 고정 나사를 풀어준다.

오른쪽의 붉은 전선을 떼어낸다.

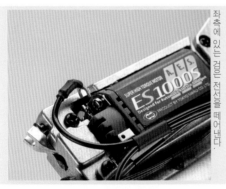

좌측에 있는 검은 전선을 떼어낸다.

기어박스 중앙 우측에 있는 FET 커버를 떼어낸다.

FET에서 뻗어나온 커넥터와 방아쇠쪽에서 뻗어나온 커넥터의 연결을 풀어준다.

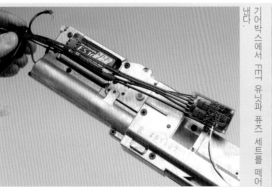

기어박스에서 FET 유닛과 퓨즈 세트를 떼어낸다.

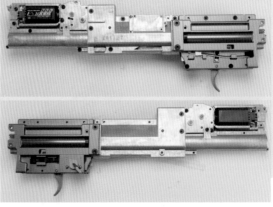

전동 산탄총 전용으로 설계된 기어박스. 실린더와 방아쇠/스위치가 수납된 섹션, 피스톤과 태핏 플레이트가 이동하는 섹션, 그리고 기어박스/모터 하우징, 메인 스프링 하우징이 수납된 섹션으로 나뉘어 있다. 피스톤의 스트로크 길이를 확보하기 위해 이처럼 3피스의 구조로 되어있는 듯 하다.

✓ 역회전 방지 래치 해제

기어박스를 분해하기 위해 기어박스 우측에 뚫려있는 홈으로부터 정밀 드라이버등을 넣어 역회전 방지 래치를 해제해 피스톤을 전진시킨다.

기어박스 앞쪽과 중앙부분을 연결하는 4개의 별나사를 풀어준 뒤 기어박스 앞쪽을 분리한다.

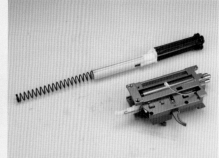

기어박스 앞쪽에서 피스톤 어셈블리를 떼어낸다.

기어박스 앞쪽 좌우에 있는 홈에 마이너스 드라이버 등을 넣어 태핏 플레이트 스프링을 떼어낸다.

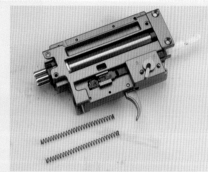

좌우의 홈을 통해 태핏 플레이트 스프링을 꺼낸다.

기어박스 앞을 고정하는 4개의 태핑 나사를 풀고 기어박스 앞을 분리한다.

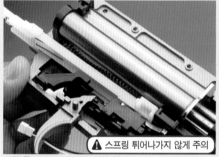

⚠ 스프링 튀어나가지 않게 주의

태핏 플레이트 스프링은 태핏 플레이트와 실린더 사이에도 끼워져 있으므로 잘 꺼낸다.

태핏 플레이트&스프링, 실린더&실린더 가이드, 노즐을 떼어낸 상태.

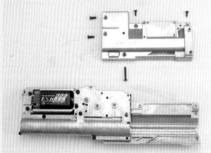

기어박스 중앙을 고정하는 5개의 접시머리 나사를 풀고 기어박스 중앙부 우측을 분리한다.

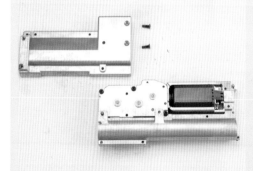

기어박스 중앙 좌측은 2개의 접시머리 나사로 고정되어 있으므로 그것도 풀고 분리한다.

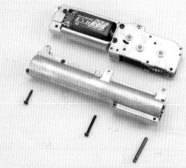

기어박스&모터 하우징과 메인 스프링 하우징을 고정하는 두 개의 나사와 핀을 풀고 뽑아서 분할한다.

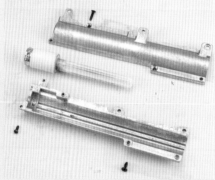

메인 스프링 하우징과 2개의 접시머리 나사를 풀면 좌우로 분할된다. 메인 스프링 가이드도 꺼내진다.

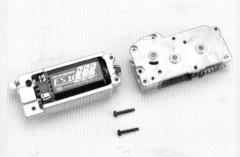

기어박스와 모터 하우징을 고정하는 두 개의 태핑 나사를 풀고 기어박스에서 모터 하우징을 분리한다.

기어박스를 고정하는 3개의 태핑 나사를 풀고 기어박스를 분할한다.

기어박스에서 베벨 기어, 스퍼 기어, 베벨 기어, 역회전 방지 래치를 떼어낸 모습. 섹터 기어의 톱니 숫자가 보통 전동건보다 많은 것을 알 수 있다.

전동 샷건
SGR-12

분해·조립의 포인트 👆

- 도쿄 마루이 오리지널 디자인의 전동 샷건(산탄총)
- 기어박스의 분해/조립 방법은 AA-12와 동일(44페이지 참조)
- 전동건 M4계열의 그립과 호환성이 있음
- AA-12와 마찬가지로 나사가 많이 쓰여 혼동될 우려가 있음
- 척 피스의 분리에 상당한 기술이 요구됨

⚙ 배럴의 분해

☑ 별나사 사용

언더 레일을 고정하는 별나사를 떼어내고 언더 레일을 분리한다.

가늠쇠, 가늠자를 분리한다.

앞 멜빵고리를 떼어낸다.

☑ 별나사 사용

어퍼 리시버 중앙과 후방에 있는 합계 6개의 별나사를 풀어준다.

로어(하부) 프레임에서 어퍼 리시버를 분리한다.

로어 프레임 앞에 있는 탄창 가이드를 떼어낸다.

로어 프레임을 프론트 이너에 고정하는 육각 볼트(좌우 각 한개)를 풀어준다.

어퍼 리시버 뒤쪽, 기어박스와 맞물리는 부분을 마이너스 드라이버등으로 벌리면서 벗겨낸다.

기어박스에서 로어 프레임을 분리한다.

전동건과 마찬가지 요령으로 그립 바닥을 분리한다.

그립을 고정하는 4개의 나사를 떼어내고 그립을 분리한다. 기어박스 쪽의 그립 고정부는 전동건 M4계열과 호환된다.

✅ **별나사 사용**

챔버 케이스와 기어박스를 연결하는 좌우 총 4개의 나사를 푼다.

기어박스와 배럴 어셈블리의 연결을 맡는 이너 커버를 분리한다.

기어박스와 프론트 섹션이 분리된다.

✅ **별나사 사용**

프론트 인너를 좌우로 분할한다. 여기서는 별나사를 포함한 3종류, 합계 5개의 나사가 사용되어 있으니 혼동하지 않도록 한다.

아우터 배럴 고정부에 있는 나사를 풀어 아우터 배럴/소염기/가스 블록을 떼어낸다.

역나사 사양이므로 시계방향으로 돌려야 소염기가 풀린다.

소염기에 감춰진 나사를 풀고 아우터 배럴 내부에 고정된 인너 커버를 떼어낸다.

O링을 떼어낸 다음 가스 블록을 앞으로 당겨 뽑는다.

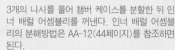

가스파이프를 분리한다.

3개의 나사를 풀어 챔버 케이스를 분할한 뒤 인너 배럴 어셈블리를 꺼낸다. 인너 배럴 어셈블리의 분해방법은 AA-12(44페이지)를 참조하면 된다.

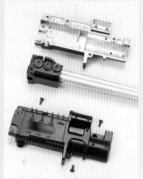

⚙ **스톡의 분해**

버트 플레이트(어깨받이)를 떼어내고 스톡 세트를 고정하는 나사 3개를 풀어 스톡 세트를 분리한다.

✅ **부품 형태 확인**

칙 피스는 스톡 루트 커버 위에 있는 2개의 열쇠 모양 구멍에 칙 피스 안쪽의 돌기가 끼워지며, 양 측면에 총 4곳의 홈으로 고정되어 단단하게 맞물려 있다.

⚠ **부품 파손 주의**

얇고 단단한 도구(스크레이퍼 등)로 칙 피스를 조금 들어올리면서 홈이 있는 부분(총 4곳)에 클리어 파일을 자른 것을 끼워넣은 뒤 칙 피스를 앞으로 밀어 분리한다. 수지제이므로 힘을 과하게 주면 깨질 수 있으니 조심해야 한다.

스톡 루트 커버를 고정하는 3개의 나사를 풀고 스톡 루트 커버를 분할한다.

스톡 베이스를 풀어낸다.

기어박스는 AA-12와 같다. 분해방법은 44페이지 참조.

HK45
전동 핸드건

👆 분해 · 조립의 포인트

- 전동 핸드건 시리즈의 최신작
- 기어박스의 분해조립 방법은 시리즈 공통
- 부품 숫자가 꽤 많으니 부품의 분실이나 조립 실수에 주의
- 인너 배럴 어셈블리를 프레임에서 차근차근 분리한다. 무리해서 떼어내면 인너배럴을 지탱하는 총구 부분이 파손될 수 있다
- 본체 커넥터가 휘거나 부러지지 않게 주의

⚙ 배럴의 분해

두 개의 작은 나사를 풀고 코드 커버를 떼어낸다.

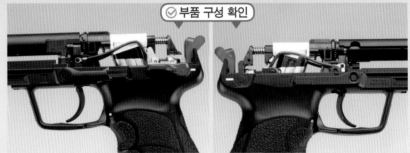

⊘ 부품 구성 확인

배럴을 분해하기 전에 부품 구성 및 전선의 배선상황을 확인해둔다.

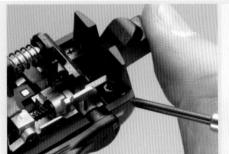

해머 섀시와 프레임 파트(뒤)를 고정하는 두 개의 나사를 풀고 해머 섀시를 떼어낸다.

해머 섀시에서 프레임 파트(뒤)를 떼어낸다.

노즐에 끼워져있는 노즐 가이드, 노즐 스프링을 떼어낸다.

노즐을 떼어낸다.

기어박스 위와 챔버를 결합하는 두 개의 나사를 풀어낸다.

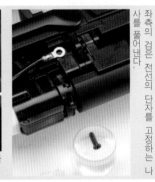

좌측의 검은 전선의 단자를 고정하는 나사를 풀어낸다.

우측의 붉은 전선의 단자를 고정하는 나사도 풀어낸다.

방아쇠 유닛 좌측의 슬라이드 스톱(슬라이드 멈치)위에 있는 나사를 풀어낸다.

방아쇠 유닛 우측의 나사도 풀어준다.

프레임에서 배럴 어셈블리를 뒤로 들어올린다.

배럴 어셈블리를 들어올린 상태에서 프레임 우측의 트리거 바를 떼어낸다.

프레임에서 배럴 어셈블리를 떼어낸다. 무리해서 떼어내면 총구 부분이 파손될 우려가 있으므로 조심해서 작업한다.

인너 배럴에서 아우터 배럴을 분리한다.

홉업 레버를 고정하는 핀을 뽑고 챔버에서 홉업 레버를 떼어낸다. 홉업 레버 스프링도 제거한다.

방아쇠 유닛에서 챔버를 떼어낸다.

배럴 락 링을 제거한다.

홉업 다이얼을 제거한다.

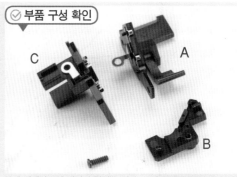

트리거 유닛을을 고정하는 나사를 풀고 좌우로 분할한다.

✓ 부품 구성 확인

챔버에서 인너 배럴, EP홉업 챔버를 떼어낸다.

본체 커넥터 A와 배터리 릴리즈 레버, 본체 커넥터 B, 본체 커넥터 C를 분할한다.

✓ 역회전 방지핀 사용

본체 커넥터 A에서 본체 커넥터 단자 A를 떼어낸다.

추가로 본체 커넥터 단자 B를 떼어낸다.

릴리즈 레버 핀을 뽑아내고 본체 커넥터 A에서 배터리 릴리즈 레버와 배터리 릴리즈 토션을 떼어낸다.

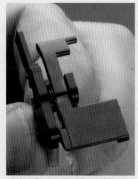

배터리 릴리즈 토션은 이처럼 배터리 릴리즈에 걸려있다.

⚠ 스프링 분실주의

방아쇠 섀프트를 왼쪽에서 오른쪽으로 뽑아낸 뒤 방아쇠 유닛에서 방아쇠, 방아쇠 토션을 떼어낸다.

좌우 방아쇠 유닛을 고정하는 나사를 풀고 방아쇠 유닛을 분할한다.

방아쇠 유닛 오른쪽에는 홉업 다이얼 클릭 핀과 홉업 다이얼 스프링이 들어있다.

⚙ 기어박스의 제거

탄창 범퍼에 붙어있는 탄창 범퍼 스티커를 벗겨 낸다.

범퍼 커버를 떼어낸다.

탄창 범퍼를 고정하는 2개의 나사를 풀고 탄창 범퍼를 떼어낸다.

프레임에서 백스트랩을 떼어낸다.

프레임 뒤에 있는 구멍에서 핀 펀치등을 꽂고 양면 테이프로 고정된 좌우 그립 패널을 들어올린 뒤 프레임에서 떼어낸다. 강력한 양면 테이프로 고정되어 있기 때문에 천천히 조심해서 떼어낸다.

✔ 역회전 방지핀 사용

2개의 프레임 샤프트를 왼쪽에서 밀어 뽑아낸다.

프레임에서 기어박스를 분리한 모습. 기어박스의 분해는 56페이지의 글록 18C를 참조할 것.

⚙ 프레임 파트의 분해

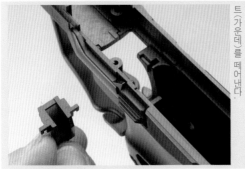

프레임의 방아쇠 고정부에서 프레임 파트(가운데)를 떼어낸다.

✔ 부품 구성 확인

해머 샤시에 부속된 세이프티 파트와 플런저 핀, 플런저 스프링의 위치를 잘 파악할 것.

세이프티 파트를 하는 작은 육각 나사를 풀어준다.

플런저 핀, 플런저 스프링을 분리한다.

⚠ 스프링 분실주의

해머 토션은 이처럼 장착되어 있다.

해머 샤시에서 셀렉터(조정간)을 뽑고 해머 해머 토션, 세이프티 파트를 떼어낸다.

⚙ 가늠자/가늠쇠의 분해

가늠쇠를 뒤에서 고정하는 접시머리 나사를 풀고 가늠쇠를 옆에서 밀어서 뽑아낸다.

슬라이드 샤시와 가늠자를 고정하는 두 개의 나사를 푼다.

가늠자를 옆으로 밀어 뽑아낸다.

도쿄 마루이

하이캐퍼 E
거버먼트 모델
전동 핸드건

분해 · 조립의 포인트 👆

- 해머가 조정간으로 사용됨
- 그립 패널은 프레임에 끼워져 있음(고정 나사는 가짜)
- 전선 커버를 벗길 때 노즐 가이드가 튀어나가지 않게 조심
- 조립할 때 셀렉터(조정간) 로드의 방향에 주의
- 가늠자 조립 전에 슬라이드 섀시를 가조립 할 것

⚙ 기어박스 꺼내기

다른 모델들과 마찬가지로 그립 바닥의 스티커를 벗기는데서 분해가 시작되지만 하이캐퍼의 경우 나사에 접근하기 전에 범퍼 커버를 처리해야 한다.

범퍼 커버는 마이너스 정밀 드라이버 등으로 총구 방향으로 밀면 분리된다.

그립 바닥은 전동 권총의 전형적 구조로 되어있다. 다른 모델과 마찬가지로 작은 플러스 나사 두 개를 푼다.

플러스(+) 나사를 풀고 탄창 범퍼를 떼어낸다.

그립 패널에 간섭하는 것은 아니지만 먼저 하우징 섀프트를 뽑는다.

그립 패널을 제거한다. 그립 패널은 백 스트랩 거의 끄트머리부터 분할을 시작할 수 있다.

탄창 하우징에 있는 홈으로 패널을 누르면 쉽게 그립이 빠진다. 그립 나사는 가짜다.

✅ 역회전 방지핀 사용

다음에는 하우징 핀을 왼쪽에서 오른쪽으로 밀어 뽑는다. 사진에 찍힌 2개가 프레임과 기어박스를 고정하는 하우징 핀이다.

가느다란 탄창을 쓰는 전동 권총이지만 탄창 멈지의 구조는 실총과 같다. 먼저 마이너스 나사를 눌러 90도 돌린다.

고정이 풀린 탄창 멈치는 자연스럽게 빠진다. 좌우 위치를 바꿀 수는 없다.

폭이 넓은 썸 세이프티(안전장치)가 인상적인 하이캐퍼 E. 축선상에 있는 육각 나사를 풀면 우측 안전장치를 분리할 수 있다.

⚠ 스프링이 튀어나가니 조심

그 뒤 좌측의 안전장치도 잡아 뺀다. 안전장치 안쪽에는 실총과 마찬가지로 플런저와 스프링이 있으니 없어지지 않게 조심할 것.

안전장치 안쪽에는 플러스 나사가 숨어있다. 좌우 모두에 있으며 둘 다 푼다.

나사의 옆에 핀이 박혀있다. 이것도 뺀다.

전선 커버를 고정하는 플러스 나사를 왼쪽에서 푼다. 여기에 해머 섀시가 결합되어있기 때문이다.

이제 해머 섀시의 오른쪽만 남기고 그립 뒤쪽의 하우징과 해머 섀시를 왼쪽으로 떼어낼 수 있다.

여기서 전선 커버의 우측을 고정하는 나사를 푼다. 그러면 해머 섀시가 분리된다.

⚠ 노즐 가이드가 튀어나가니 주의

이 부분은 노즐 가이드와 간섭한다. 따라서 후방에 스프링 장력이 가해지니 조심할 것.

전선 커버를 들어올리고 뒤를 열면서 앞쪽을 잡아당기듯 빼낸다. 동시에 트리거 바도 분리된다.

플러스 나사를 풀고 피스톤 헤드와 챔버의 결합을 푼다. 이 나사도 좌우 대칭이다.

커넥터와 결합된 단자도 플러스 나사를 풀면 분해된다.

전선과 본체 프레임과의 결합을 풀면 기어박스를 뽑아낼 수 있다.

기어박스를 뽑아내면 그대로 인너배럴 어셈블리도 떼어낼 수 있다.

⚙ 프레임의 분해

는 플러스 나사를 푼다. 에 있는 슬라이드 축의 위에 있 아우터 배럴 후방 좌측과 프레임 우측

방아쇠를 당기면서 아우터 배럴을 들어올리면 방아쇠 유닛과 함께 통째로 빠진다. 총구 블록은 별도 부품이다.

총구 블록을 들어올리려면 좌우에 설치된 플러스 나사를 풀고 총구 블록을 위로 당겨 뽑는다.

아우터 배럴은 돌기가 방아쇠 유닛과 맞물려 끼워져 있다. 조심해서 빼면 생각보다 쉽게 떨어진다.

본체 커넥터 전방에서 핀을 눌러 뽑은 뒤 배터리 릴리즈 레버를 떼어낸다.

⚠ 스프링 분실 주의

조심스레 떼어내면 배터리 릴리즈 토션을 흘리지 않고 배터리 릴리즈 레버를 뽑을 수 있다.

배터리 릴리즈 레버를 떼어내면 본체 커넥터가 고정되는 플러스 나사가 보인다. 이것도 푼다.

본체 커넥터 고정나사를 풀면 본체 커넥터를 방아쇠 유닛에서 떼어낼 수 있다.

본체 커넥터 안쪽에 나사가 있는데, 이것도 떼어낸다.

본체 커넥터는 A부터 C까지 셋으로 구성되어있다. A와 B에 단자가 설치되어 있고 C는 A와 B의 받침 역할을 한다.

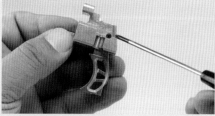

방아쇠 유닛도 좌우로 분할된다. 각각을 결합하는 것은 이 플러스 나사이다.

나사를 풀면 사진처럼 분해된다. 큰 쪽의 스프링이 방아쇠 스프링, 그 위에 있는 것은 홉업 다이얼 클릭용의 핀과 스프링이다.

하우징에 있는 해머를 분해한다. 가스건과 달리 강한 텐션은 걸려있지 않으므로 핀도 쉽게 뽑을 수 있다.

⚠ 스프링류 분실에 주의

해머를 뽑을 때에는 해머가 수평보다 아래를 향하도록 뽑는다. 해머 안에 작은 스프링이 있기 때문이다.

이 스프링과 플런저는 해머를 움직일 때의 클릭 느낌을 내기 위해 있다.

셀렉터(조정간)에 있는 해머는 기어박스 위로부터 후방에 뻗어 있는 이 로드(막대)와 간접하면 단발/연발 등을 바꿔준다.

🔧 기어박스의 분해

기본적으로 은색의 나사를 돌리면 기어박스가 분해된다. 스위치류를 분해할 필요가 없다면 검은 접시머리 나사는 굳이 풀 필요가 없다.

기어박스가 전선 커버에서 노출된 부분만 눈에 띄지 않게 스티커가 붙어있고 이걸 벗겨낸다. 이 스티커는 재사용은 안되는 듯 하다.

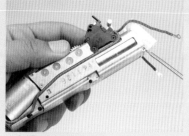

스티커를 떼어내면 그 뒤에도 나사가 보인다. 그것도 푼다.

⚠ 셀렉터 로드의 방향에 주의

기본적인 내부 구조는 다른 전동 권총 시리즈와 같다. 다만 조립할 때 조정간 로드의 방향에 주의할 필요는 있다.

🔧 인너 배럴 어셈블리의 분해

배럴 락 링을 마이너스 드라이버 등을 사용해 위쪽으로 벗겨낸다.

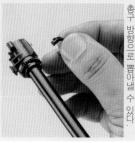

락 링을 총구 방향으로 떼어내면 뽑아낼 수 있다. 홉업 다이얼도

홉업 다이얼을 뽑아내면 스프링에 의해 홉업 레버를 위로 움직인다. 그러면 배럴은 홉업 패킹채로 뽑힌다.

패킹을 잡아 뺄 때에는 총구 쪽의 홈으로부터 벗겨내듯 하며 잡아 뺀다. 패킹을 잡고 타원형으로 만들면서 움직이면 비교적 쉽게 빠진다.

G18C
전동 핸드건

분해 · 조립의 포인트 👆

- 기념할만한 전동 권총 제1탄이고 지금도 시리즈중 인기 1위
- 다른 모델에 비해 프레임 주변 부품이 적어 분해조립이 쉽다
- 그립패널은 양면 테이프로 고정되어있다
- 기어박스의 분해조립은 모든 전동권총 공통(스위치류 제외)
- 자잘한 나사나 스프링의 분실에 주의

⚙ 프레임의 분해

탄창을 빼고 슬라이드를 제거한 다음 배터리를 꺼내낸다.

3개의 나사를 풀고 전선 커버를 떼어낸다. 커버의 나사는 앞 왼쪽이 높고 뒤의 두개가 짧다.

프레임 락의 접시머리 나사 둘을 풀고 노즐 가이드와 함께 프레임에서 뽑아낸다.

노즐을 뒤로 당겨 뺀다.

해머 섀프트를 좌에서 우로 뽑아내고 배럴 앞을 벗겨 방아쇠 유닛과 배럴 전체를 들어올린다.

방아쇠 유닛, 배럴을 프레임에서 뽑아내고 플라스틱제 아우터 배럴(커버)를 제거한 뒤 앞의 접시머리 나사를 풀어 배터리 커넥터를 떼어낸다.

그립 좌우의 패널을 벗겨낸다. 패널은 양면 테이프로 고정되어 있으므로 가느다란 마이너스 드라이버나 커터 날 끝등을 틈에 끼워넣고 테이프를 떼어낸다.

✓ 역회전 방지핀 사용

그립 부분에 있는 4개의 핀을 뽑는다. 핀은 모두 좌에서 우로 뽑아낸다(사진은 앞쪽 핀).

배터리의 커넥터가 걸리지 않게 조심하면서 기어박스를 그립 아래로 뽑아낸다.

⚙ 기어박스의 분해

그립 바닥의 스티커를 커터날 끝 등으로 벗겨낸다. 기어박스의 아래 가운데의 마이너스 나사는 모터 위치의 미세 조정용이다.

스티커 아래의 접시머리 나사 둘을 뽑고 바닥판을 기어박스에서 떼어낸다.

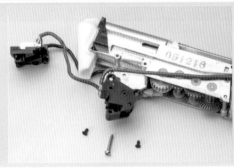

앞의 접시머리 나사 둘과 뒷나사를 뽑고 스위치 유닛을 기어박스에서 떼어낸다. 별나사에는 T6 톡스 렌치(별렌치)를 사용한다.

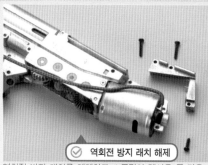

역회전 방지 래치 해제

역회전 방지 래치를 해제하고 스프링의 텐션을 푼 다음 모터 하우징 파트를 제거한다. 3개의 나사 중 아래의 하나가 짧다.

별나사 사용

우측의 기어박스를 고정하는 별나사를 T4 톡스 드라이버로 풀어준다. 검은 스티커의 아래에 나사가 있고 3개의 나사 중 모터에 가장 가까운 나사가 길다.

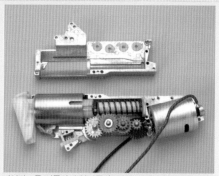

기어박스를 신중하게 열어준다. 미리 기어의 회전축을 누르면서 기어쪽부터 열리도록 들어올린다.

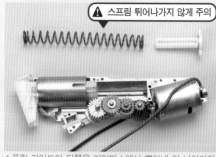

⚠ 스프링 튀어나가지 않게 주의

스프링 가이드의 뒤쪽을 기어박스에서 뽑아낸 뒤 날아가지 않게 누르면서 피스톤에서 스프링과 스프링 가이드를 떼어낸다.

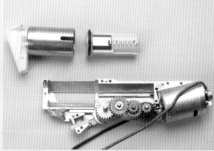

실린더&피스톤을 조용히 들어올려 제거한다. 먼저 베벨기어 이외의 기어를 제거한 다음 하면 쉽다.

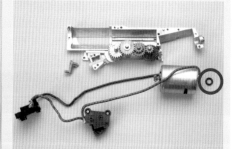

태핏 플레이트를 떼어내고 모터 뒤의 미세조정 나사를 풀어 모터를 떼어낸다. 조정 나사에 끼워진 풀림 방지용 O링에 주의.

심의 종류 확인

4개의 기어중 가운데의 기어 두 개를 먼저 제거한다. 섹터 기어와 맞물리는 스퍼 기어에는 기어 위에 0.3mm와 0.2mm 두께의 심(워셔)이 한장씩 끼워져 있다.

심의 종류 확인

모든 기어를 제거한 상태. 가장 왼쪽의 섹터 기어의 아래에는 0.5mm, 가장 오른쪽의 베벨기어의 아래에는 0.4mm 두께의 심이 있다.

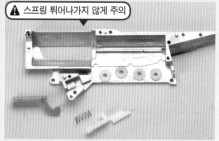

⚠ 스프링 튀어나가지 않게 주의

태핏 플레이트와 컷오프 로드를 제거한다. 컷오프 로드의 스프링이 튀어나가지 않게 주의할 것.

⚙ 피스톤&실린더/스위치의 분해

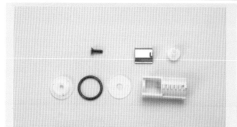

피스톤 헤드 앞에 있는 접시머리 나사를 떼어내면 피스톤을 분해할 수 있다. 다른 전동건에 있는 다이캐스트제 스프링 멈치는 생략되어있다.

실린더 헤드는 실린더에 끼워져 있을 뿐이므로 그냥 당겨서 뽑으면 된다.

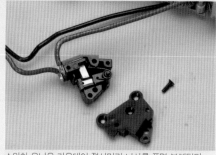

스위치 유닛은 가운데의 접시머리 나사를 풀면 분해된다.

⚙ 배럴의 분해

방아쇠&챔버의 가운데에 있는 접시머리 나사를 풀면 방아쇠&챔버를 분할할 수 있다. 그리고 인너 배럴도 떼어낼 수 있다.

홉업 레버는 뒤쪽이 핀으로 고정되어 있으므로 그대로 잡아 뺀다.

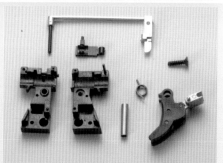

방아쇠, 방아쇠 스프링, 황동제의 튜브를 제거한다.

하이캐퍼
D.O.R

👆 분해 · 조립의 포인트

- 마이크로 프로 사이트 탑재가 가능한, 하이캐퍼 5.1의 현대화 버전으로 등장
- 피스톤/실린더 유닛, 가늠자, 배럴 주변은 새로 만들어 분해조립 방법이 다르다
- 하이캐퍼 5.1과의 부품 비교는 64페이지 참조
- 기본분해나 프레임 분해방법은 하이캐퍼 5.1과 같다
- 하이캐퍼 5.1과 마찬가지로 작은 스프링을 잃어버리지 않게 주의

⚙ 기본분해/배럴의 분해

슬라이드를 당겨 사진의 위치로 붙잡은 상태에서 슬라이드 멈치를 왼쪽으로 당겨 뽑는다. 뽑기 어려울 때에는 반대쪽에서 눌러 뺀다.

리코일 스프링 플러그를 손톱으로 당기면서 리코일 스프링을 압축한다.

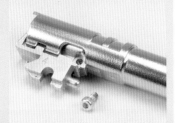

리코일 스프링, 리코일 스프링 가이드, 리코일 스프링 플러그를 슬라이드에서 꺼낸다.

배럴 어셈블리를 슬라이드 앞으로 뽑는다.

배럴 어셈블리를 슬라이드에서 꺼낸 모습.

챔버 커버 오른쪽의 육각 나사를 푼다.

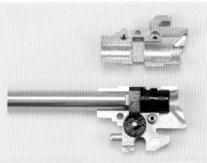

아우터 배럴을 앞으로 당겨 뽑는다.

챔버 커버를 고정하는 나사를 푼다.

챔버 커버를 분할한다.

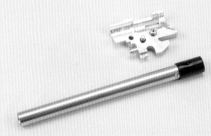

홉업 레버, 홉업 다이얼을 분리한다.

우측의 챔버 커버로부터 인너 배럴, G홉업 챔버를 분리한다.

인너 배럴에서 G홉업 챔버를 분리한다.

슬라이드의 분해

가늠자를 고정하는 육각 나사를 풀면서 가늠자를 분리한다.

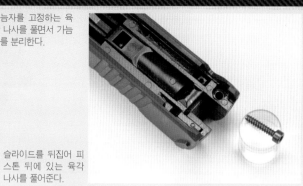

슬라이드를 뒤집어 피스톤 뒤에 있는 육각 나사를 풀어준다.

⚠ 슬라이드 파손 주의

슬라이드를 좌우로 벌려주면서 피스톤/실린더 유닛을 잡아 뺀다.

피스톤/실린더 유닛의 경우 밖에서 슬라이드 뒤를 가볍게 두들기면서 슬라이드에서 꺼낸다.

⚠ 스프링 분실에 주의

피스톤/실린더 유닛을 꺼낸 뒤 실린더 리턴 스프링, 실린더 리턴 핀을 분리한다. 떼어낼 때 튀어나갈 경우가 많으니 주의한다.

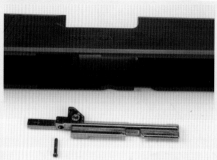

슬라이드 좌측 안쪽에 있는 슬라이드 레일을 떼어낸다.

피스톤에서 실린더를 떼어낸다.

피스톤 아래에 있는 피스톤 파트를 떼어낸다.

피스톤 롤러를 떼어낸다.

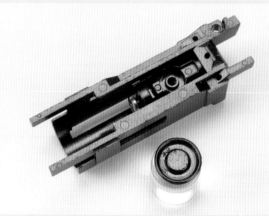

피스톤 컵을 떼어낸다.

⚠ 작은 나사 분실에 주의

밸브 스토퍼를 고정하는 작은 나사를 풀고 실린더에서 밸브, 밸브 스프링, 밸브 스토퍼를 떼어낸다.

프레임의 분해

메인스프링 하우징 핀을 뽑아 메인스프링 하우징을 분리한다.

⚠ 스프링 안 튀어나가게 조심

플런저 스토퍼를 떼어내고 해머 스프링, 해머 스프링 플런저를 분리한다.

우측 안전장치 레버를 떼어낸다.

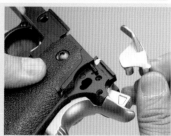

좌측 안전장치 레버도 떼어낸다.

⚠ 플런저 분실 주의

안전장치 플런저, 슬라이드 멈치 플런저, 플런저 스프링을 제거한다.

그립 세이프티도 제거한다.

시어 스프링을 분리한다. 시어 스프링은 변형되기 쉽고, 변형되면 작동불량이 발생하므로, 변형되지 않게 조심한다.

⚠ 시어 스프링 변형주의

그립 고정나사를 푼다.

다 방아쇠울 밑뭉 안쪽에 있는 나사를 푼

그립과 섀시를 분리한다.

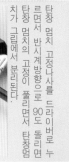

탄창 멈치 고정나사를 드라이버로 누르면서 반시계방향으로 90도 돌리면서 탄창 멈치의 고정이 풀리면서 탄창멈치가 그립에서 분리된다.

그립에서 방아쇠를 분리한다.

섀시 커버를 고정하는 나사를 풀고 섀시 커버를 벗겨낸다.

섀시에서 해머·시어·디스커넥터를 떼어낸다.

섀시 커버에서 노커, 노커 토션을 떼어낸다.

⚠ 스프링 분실 주의

섀시 인너를 떼어내고 노커 록, 노커록 스프링을 떼어낸다.

거의 모든 부품을 뜯어낸 상태. 하이캐퍼 5.1을 분해/조립한 적이 있다면 어렵지 않을 것이다. 분해조립에 관해서는 61페이지의 하이캐퍼 5.1도 참고하면 편하다.

도쿄 마루이

하이캐퍼 5.1 거버먼트 모델

분해 · 조립의 포인트

- 일부 부품의 형상은 다르지만 하이캐퍼 시리즈는 모두 분해조립 방법이 같다
- 부품 숫자가 적고 구조가 단순하므로 분해조립이 쉽다
- 분해조립을 할 때 시어스프링의 변형에 주의
- 플런저 관련 부품을 잃어버리지 않게 조심
- 조립할 때 실린더 리턴 스프링이 변형되기 쉬우니 주의

기본분해/배럴의 분해

슬라이드를 당겨 사진의 위치로 붙잡은 상태에서 슬라이드 멈치를 왼쪽으로 당겨 뽑는다. 뽑기 어려울 때에는 반대쪽에서 눌러 뺀다.

슬라이드를 앞으로 밀어 프레임에서 분리한다.

리코일 스프링 플러그를 손톱으로 당겨 뺀다.

리코일 스프링 플러그를 손톱에 걸어둔 채 리코일 스프링을 눌러 빼준다.

리코일 스프링, 리코일 스프링 가이드, 리코일 스프링 플러그를 슬라이드에서 제거한다.

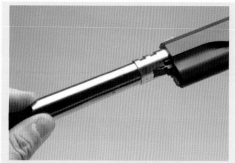

배럴 어셈블리를 슬라이드 앞으로 잡아 뺀다.

배럴 어셈블리를 슬라이드에서 꺼낸 모습.

아우터 배럴에서 인너 배럴을 꺼낸다.

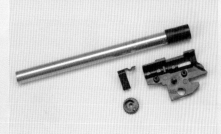

챔버 커버를 고정하는 두 개의 나사를 제거하고 챔버 커버를 분할한다.

챔버 커버 우측부터 인너배럴, G홉업 챔버, 홉업 레버, 홉업 다이얼을 떼어낸다.

인너 배럴에서 G홉업 챔버를 떼어낸다.

⚙ 슬라이드의 분해

슬라이드 뒤쪽에 있는 피스톤 고정 나사를 푼다.

가늠자 높이조절 나사를 푼다.

⚠ 스프링 분실 주의

가늠자 안쪽에 있는 높이조절 스프링을 떼어낸다.

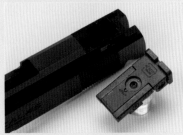

슬라이드에서 가늠자를 떼어낸다.

⚠ 슬라이드 파손 주의

슬라이드를 좌우로 벌리면서 피스톤/실린더 유닛을 꺼낸다.

실린더 리턴 스프링을 떼어내고 피스톤에서 실린더를 빼낸다.

피스톤에서 Y링과 Y링 헤드를 떼어낸다.

밸브 스토퍼를 고정하는 작은 나사를 풀고 실린더에서 밸브, 밸브 스프링, 밸브 스토퍼를 떼어낸다.

⚙ 프레임의 분해

메인스프링 하우징 핀을 뽑고 메인스프링 하우징을 떼어낸다.

⚠ 스프링 분실 주의

플런저 스토퍼를 빼 내고 해머 스프링, 해머 스프링 플런저를 빼 낸다.

⚠ 시어 스프링 변형 주의

그립 세이프티를 들어올려 시어 스프링을 떼어낸다.

안전장치 레버(좌)를 제거한다.

안전장치 레버(우)도 제거한다.

그립 세이프티를 제거한다.

안전장치 플런저, 플런저 스프링, 슬라이드 멈치 플런저, 플런저 스프링을 제거한다.

⚠ 플런저 분실 주의

그립 고정나사, 방아쇠 뭉치 밑둥 안쪽에 있는 고정나사를 제거한다.

그립과 섀시를 분할한다.

탄창멈치 고정핀을 드라이버로 누르면서 반시계 방향으로 90도 돌린다.

탄창멈치의 고정이 해제되면 탄창멈치가 그립에서 떨어진다.

그립에서 방아쇠를 빼낸다.

앞서와는 반대 방향으로 탄창멈치 고정핀을 돌리면 탄창 멈치에서 고정핀이 떨어진다.

섀시 커버를 고정하는 나사를 풀고 섀시 커버를 제거한다.

섀시에서 해머·시어·디스커넥터를 제거한다.

노커 토션은 사진처럼 섀시 커버 안에 들어간다.

섀시 커버에서 노커·노커 토션을 제거한다.

⚠ **스프링 튀어나감 주의**

섀시 인너를 제거하고 노커락·노커락 스프링을 떼어낸다.

노커락과 노커락 스프링은 사진처럼 수납된다.

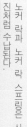

거의 모든 부품을 풀어놓은 모습. 부품 숫자가 적고 단순한 구조다. 분해조립도 쉬운 편이다.

하이캐퍼 D.O.R VS 하이캐퍼 5.1

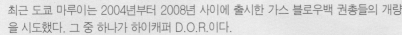

특징비교

최근 도쿄 마루이는 2004년부터 2008년 사이에 출시한 가스 블로우백 권총들의 개량을 시도했다. 그 중 하나가 하이캐퍼 D.O.R.이다.

전작 하이캐퍼 5.1은 2004년에 발매된 이래 지금도 인기가 높다. 단순하고 높은 내구성과 실용성을 가진 하이캐퍼의 특성을 살린 D.O.R.은 새로 개발한 블로우백 엔진과 쇼트 리코일 시스템을 채택했다. 마찰에 의한 동력 손실을 최소한으로 줄여 블로우백 스피드를 높이고 연사시의 안정도를 높였다.

여기서는 하이캐퍼 D.O.R.과 하이캐퍼 5.1의 세부 차이를 검증해보자.

아우터 배럴

아우터 배럴의 비교. 위가 5.1, 아래가 D.O.R. 둘 다 부싱 없는 테이퍼드 배럴 형태를 재현했지만, 신형 쇼트리코일 시스템의 도입에 의해 아우터 배럴 기부의 형태가 바뀌면서 호환성이 없어졌다.

챔버 커버

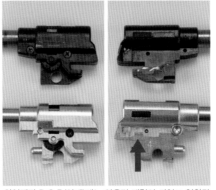

하이캐퍼 D.O.R.(아래)에는 아우터 배럴의 가이드 역할과 좌우 챔버의 고정을 강화하는 육각 볼트가 추가되어 단차를 주는 것으로(화살표) 짧은 배럴로도 확실히 틸트(기울어짐)가 가능해졌다.

홉업 시스템

두 총의 홉업 시스템을 비교했다. 위가 5.1, 아래가 D.O.R. 시스템 그 자체에 큰 변화는 없다. 최근에는 홉업 다이얼을 여러장 사용하는 경우가 많지만 이 시스템에서는 한장 뿐인 단순한 것이다. 리코일 스프링 가이드를 지탱하는 돌기가 추가되었다.

리코일 스프링

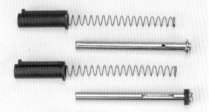

리코일 스프링 주변의 부품 비교. 위가 5.1, 아래가 D.O.R. D.O.R.에서는 버퍼가 무장 추가되어 블로우백 스피드를 높이는데 나름 도움을 준다. 또한 리코일 스프링 가이드가 M1911A1 시리즈나 M45A1 CQB피스톨과 같은 방식으로 바뀌었다.

인너 배럴/G홉업 챔버

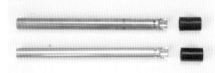

위가 5.1, 아래가 D.O.R. 인너 배럴과 G홉업챔버는 둘 다 호환된다. 여러 종류 발매된 하이캐퍼용 커스텀 인너배럴이나 홉업챔버를 쓸 수 있다.

슬라이드 상부

오른쪽이 5.1, 왼쪽이 D.O.R. D.O.R.은 마이크로 프로사이트를 가공 없이 장착하도록 디자인되어 있으므로 슬라이드 뒤의 형태가 다르다. 난반사 방지용 서레이션이나 가늠쇠등의 디자인도 변경되었다.

슬라이드 내면

오른쪽이 5.1, 왼쪽이 D.O.R. 블로우백 엔진의 변경으로 피스톤의 고정방식이나 가늠자가 수납되는 절단면 등이 다르므로 호환성이 없다.

슬라이드 레일

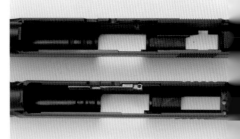

D.O.R.은 슬라이드 좌측 안쪽에 슬라이드 레일이 추가되었다(사진 아래). 5.1은 슬라이드 멈치를 슬라이드의 홈에 직접 닿게 하는 방식이라 마모나 파손이 쉬웠다.

피스톤

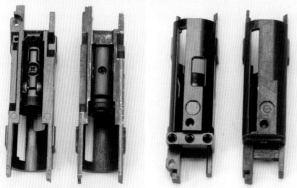

5.1과 D.O.R.의 큰 차이점이 블로우백 엔진의 개량이다. 마찰에 의한 에너지 감소를 줄이기 위해 D.O.R.에는 피스톤 롤러를 추가했다. 피스톤 컵이나 해머가 접촉하는 부분의 형태도 변경되었다. 또한 D.O.R.에서는 가늠자가 고정된 나사의 구멍이 뒤로 옮겨졌고 깊이도 더 깊어졌기 때문에 가늠자가 더 단단하게 고정된다.

실린더

오른쪽이 5.1, 왼쪽이 D.O.R. 실린더 내경도 스트로크도 같지만 D.O.R.은 뒤쪽 모서리가 깨끗하게 다듬어져 있다. 세세한 부분에도 마찰을 줄이려는 노력이 더해졌다.

실린더 밸브

실린더 밸브와 스프링의 형태도 바뀌었다. 위가 5.1, 아래가 D.O.R. 새장 모양의 5.1은 탄창에서 유입되는 가스가 안쪽을 통해 배럴 방향으로 흘러가지만 D.O.R.은 바깥쪽 방향으로 흘러 가스 효율을 높였다.

해머

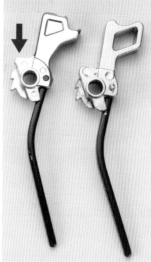

오른쪽이 5.1, 왼쪽이 D.O.R. 스퀘어 링 타입에서 스퍼 타입으로 바뀌었다. 노커가 닿는 부분이 조금 앞으로 옮겨져 가스 방출 타이밍이 빨라졌다.

디스커넥터

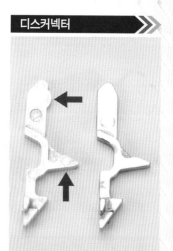

오른쪽이 5.1, 왼쪽이 D.O.R. 해머 오른쪽의 홈이 걸리는 부분과 슬라이드와 접촉하는 부분이 변경되어있다. 떨림이나 흔들림을 억누르는 것으로 가스 효율 향상을 노린다고 생각된다.

시어

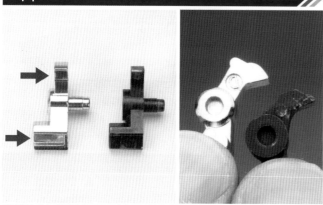

오른쪽이 5.1, 왼쪽이 D.O.R. 시어 스프링이 걸리는 턱 아래 부분에 홈이 새로 추가되고 해머와 접촉하는 부분의 형태가 변경되어 보다 날카롭고 딱 끊어지는 방아쇠 느낌을 실현했다.

노커/노커 락

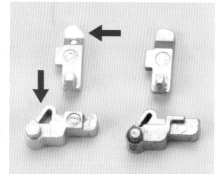

오른쪽이 5.1, 왼쪽이 D.O.R. 노커는 노커 토션이 들어가는 홈이 확대되었고 측면도 평평해졌다. 노커 락은 디스커넥터와 마찬가지로 슬라이드와 접촉하는 부분이 바뀌었다.

슬라이드 멈치

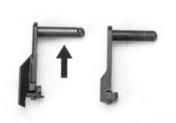

D.O.R.(사진 왼쪽)은 손가락을 거는 부분이 늘어났을 뿐 아니라 샤프트 부분이 2중 구조로 된(슬리브가 가동됨) 덕분에 움직임이 더 부드러워졌다.

해머 스프링 하우징

해머 스프링 하우징의 비교. 오른쪽이 5.1, 왼쪽이 D.O.R. 직선적인 형태는 같지만, 미끄럼 방지용 체커링(그물눈) 방식이 세레이션 방식으로 바뀌었다. 해머 스프링이나 해머 스프링 플런저는 같다.

글록 19
3rd 제너레이션

분해·조립의 포인트

- 많은 내부 부품이 신규 설계로 글록 17과의 호환성이 없다
- 부품 숫자가 글록 17보다 늘어났지만 분해조립 순서는 같다
- 챔버 커버 왼쪽에 있는 챔버 파트를 떼어낸 다음 아우터 배럴을 떼어낸다
- 조립시 로킹 블록 핀은 홈이 있는 쪽을 왼쪽에 넣는다
- 조립시 방아쇠 리턴 스프링의 방향에 주의

기본분해

슬라이드를 당겨 해머를 코킹한다.

양쪽의 분해 스위치를 손가락으로 동시에 내리면서 슬라이드를 앞으로 밀어준다. 결합이 타이트하게 되어있으므로 슬라이드 뒤를 가볍게 두들기면 쉽게 벗겨진다.

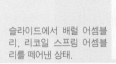

프레임에서 슬라이드를 떼어낸 모습.

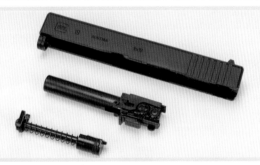

슬라이드에서 배럴 어셈블리, 리코일 스프링 어셈블리를 떼어낸 상태.

배럴의 분해

챔버 커버 좌측에 있는 접시머리 나사를 푼다.

아우터 배럴을 전진시키면서 챔버 커버와 접시머리 나사를 푼다.

아우터 배럴에서 인너 배럴을 꺼낸 모습. 글록 17과는 부품 호환성이 없다.

⚠ **O링 분실 주의**

홉업 다이얼 B를 고정하는 작은 나사를 풀고 홉업 다이얼 B, 홉업 다이얼 A를 떼어낸다. 홉업 다이얼 B의 아래에는 O 링이 끼워져 있으므로 잃어버리지 않게 주의.

좌우의 챔버 커버를 고정하는 접시머리 나사를 푼다.

좌측의 챔버 커버를 벗겨낸다.

좌측의 챔버 커버에는 홉업 레버가 끼워져 있으므로 떼어낸다.

우측의 챔버 커버에서 인너 배럴과 홉업 챔버를 떼어낸다.

리코일 스프링 어셈블리의 분해

✓ **부품 방향 확인**

⚠ **부품 튀어나가지 않게 주의**

분해하기 전에 리코일 스프링 어셈블리의 부품 구성과 방향을 확인한다.

리코일 스프링 가이드 앞에 있는 아우터 배럴 가이드는 홈이 없는 쪽(凸)이 총구 방향이다.

리코일 스프링 칼라를 쥐고 리코일 스프링을 누르면서 리코일 스프링 가이드 A를 아래로 당겨 떼어낸다.

리코일 스프링 칼라를 쥐면서 리코일 스프링가이드 B로부터 리코일 스프링 칼라, 리코일 버퍼(2장), 리코일 스프링, 아우터 배럴 가이드를 천천히 떼어낸다.

슬라이드의 분해

피스톤 고정나사를 푼다

슬라이드를 좌우로 살짝 벌리면서 슬라이드와 피스톤의 결합을 풀어준다.

어느 정도 결합이 풀리면 손으로 가볍게 두들겨 피스톤을 빼낸다.

⚠ **스프링 튀어나가니 주의**

슬라이드에서 피스톤/실린더를 꺼낸다. 이 때 실린더 스프링이 튀어나갈 수 있으니 잃어버리지 않게 주의.

피스톤 뒤에 있는 커버 플레이트를 떼어낸다.

피스톤에서 실린더, 실린더 스프링을 꺼낸다.

✓ **역회전 방지핀 사용**

피스톤에서 피스톤 컵, 피스톤 파트를 빼낸다.

실린더 밸브를 고정하는 역회전 방지핀을 가스 유입구를 위로 올린 상태에서 왼쪽으로 밀어 빼 낸다.

실린더에서 실린더 밸브, 실린더 밸브 스프링을 꺼낸다.

글록 17과 다른 형태의 실린더 밸브. 탄창으로부터의 가스 유입구가 한 곳(아래)에만 있다.

피스톤 고정나사를 풀고 가늠자를 떼어낸다.

슬라이드 안쪽에서 가늠쇠를 고정하는 접시머리 나사를 풀고 가늠쇠를 떼어낸다.

☑ 부품 방향 확인

판스프링을 마이너스 드라이버등으로 누르면서 슬라이드 락을 아래로 내리면서 왼쪽이나 오른쪽으로 뽑아낸다.

슬라이드 락을 떼어낸 모습. 조립할 때는 모서리가 깎여있는 쪽을 뒤로 향하게 해서 판스프링을 누르면서 프레임에 밀어넣는다.

프론트 섀시 고정나사를 푼다.

☑ 역회전 방지핀 사용

글록 17과 공통의 프론트 섀시 고정축(샤프트)는 역회전 방지핀이므로 왼쪽에서 밀어서 뺀다.

글록 19에 새로 추가된 부품인 로킹블록 핀을 왼쪽에서 밀어 뽑는다. 이 때 슬라이드 멈치를 먼저 빼고 뽑는 편이 쉽다.

☑ 부품 방향 확인

로킹블록 핀, 트리거 바 스프링을 떼어낸다.

트리거 바 스프링도 방향이 있다. 원형 구멍이 프론트 섀시, 타원 구멍이 트리거 바 쪽이다.

☑ 부품 방향에 주의

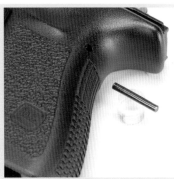

로킹블록 핀을 조립할 때는 오른쪽에서 홈이 있는 쪽을 왼쪽으로 향하게 해서 트리거 리턴 스프링을 손가락으로 누르면서 넣는다.

프레임 뒤쪽 핀을 핀 펀치등으로 밀어서 뺀다.

리어 섀시 고정나사를 풀어준다.

⚠ 스프링 분실주의

리어 섀시 왼쪽에는 노커 락과 스프링이 조립되어 있다. 리어 섀시를 떼어낼 때 스프링이 튀어나가지 않게 조심한다.

리어 섀시 좌측에 있는 노커 록을 손가락으로 누르면서 프레임에서 리어 섀시를 뽑아낸다.

프레임과 리어 섀시는 왼쪽을 아래로 두고 분해해도 된다.

앞뒤 섀시의 분해

✅ 부품 방향 확인

슬라이드 멈치는 이처럼 방아쇠 왼쪽의 움푹 파인 곳에 들어가 프론트 섀시 고정축에 끼워진다. 슬라이드 멈치 스프링은 사진처럼 끼워진다.

프레임에서 프론트 섀시, 트리거 어셈블리, 슬라이드 멈치, 슬라이드 멈치 스프링, 안전 플레이트를 떼어낸다.

✅ 부품 구성 확인

프론트 섀시 뒤쪽에는 안전장치용 판스프링이 있으므로 조립할 때 잊지 않게 주의.

탄창멈치를 떼어내려면 탄창멈치 스프링이 걸려 있으므로 손가락으로 오른쪽으로 눌러 떼어낸다.

왼쪽에서 눌러 프레임에서 뽑아낸다.

리어 섀시에서 노커, 노커락, 노커락 스프링을 떼어낸다.

✅ 부품 구성 확인

시어 핀을 뽑아 시어, 시어 스프링을 떼어낸다.

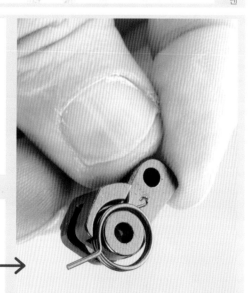

✅ 부품 방향 확인

해머 스프링은 해머 왼쪽에 이처럼 수납된다.

리어 섀시에서 노커, 해머를 떼어내기 전에 각 스프링에 어떻게 텐션이 걸려있는지 확인한다.

해머 리벳 핀을 오른쪽에서 밀어 빼낸 뒤 해머, 해머 스프링, 해머 롤러, 노커를 떼어낸다.

글록 34

분해 · 조립의 포인트 ✌

- 실총과 마찬가지로 부품이 적고 구조도 단순
- 실린더 스프링의 변형이나 분실에 주의
- 조립시 안전장치 판을 잊지 말것
- G17과 G22는 공통성이 있지만 G18C, G26, G26어드밴스는 부품 구성이 일부 다름
- G26계열 부품은 호환되지 않으므로 주의

⚙ 슬라이드/배럴의 분해

실총과 마찬가지로 슬라이드 락을 양쪽에서 잡고 내리면 슬라이드 고정이 풀린다. 그 뒤 슬라이드를 살짝 앞으로 밀면 슬라이드 락에서 손을 떼어도 슬라이드 어셈블리를 앞으로 밀어서 총에서 분리할 수 있다.

리코일 스프링과 가이드를 떼어낸다. 일체형인 리코일 스프링과 가이드로도 다른 글록 시리즈와 같은 사양이다.

배럴을 떼어낼 때는 먼저 배럴을 총구 쪽으로 밀어 실린더와 챔버의 결합을 푼다. 그리고 배럴 밑둥을 슬라이드 아래로 기울이면서 빼낸다.

슬라이드 뒤에 내장된 나사는 가늠자 고정용이다. 꽤 큰 나사이므로 뭉개질 걱정도 적다.

가늠자를 교환할 때는 이 나사를 풀기만 하면 된다. 글록 다운 간단한 구조다. 또 이걸로 피스톤 어셈블리도 떼어낼 수 있다.

슬라이드의 탄피배출구 쪽을 벌려 노즐 부분을 아래로 당기면 결합이 풀린다. 그리고 아래로 당기면 빠진다.

⚠ 스프링 조립 주의

보시다시피 두 개의 레일 중 슬라이드 좌측면(사진에 보이는 것은 우측면)에 해당하는 쪽에 실린더 스프링이 끼워져 있다. 조립할 때에 이게 잘못 끼워진 상태로 조립되면 파손되니 주의할 것.

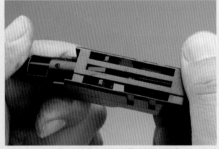

실린더 스프링을 떼어내고 실린더를 전진시킨다. 이 때 피스톤 컵이 걸리지 않도록 실린더를 살짝 아래로 내리면서 뽑아낸다.

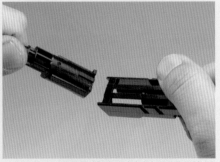

그 뒤 실린더를 위로 들어올리면 실린더가 마침내 뽑혀나온다.

실린더 위에 작은 나사가 있다. 이 나사가 밸브 스토퍼에 간섭해 실린더 밸브나 밸브 스프링을 고정한다.

실린더 위에 작은 나사가 있다. 이 나사가 밸브 스토퍼에 간섭해 실린더 밸브나 밸브 스프링을 고정한다.

✅ 부품 구성 확인

오른쪽부터 밸브 스토퍼, 실린더 밸브. 실린더 밸브 스프링. 실린더. 조립할 때 순서와 방향을 꼭 지켜 넣어야 한다.

가늠쇠는 슬라이드 안쪽에서 나사로 고정. 이것도 드라이버로 간단하게 풀어 떼어낸다. 파손시의 교환이나 커스텀 작업도 쉽다.

탄피배출구 바로 아래에 슬라이드 보강 플레이트가 있다. 이것은 G34 전용으로, 슬라이드 멈치에 의한 슬라이드 파손을 방지한다. 두 개의 나사를 풀고 아래로 빼낸다.

다음은 배럴 어셈블리의 분해. 아우터 배럴의 챔버 부분을 벌리고 인너 배럴 어셈블리와의 결합을 푼다.

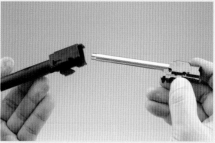

아우터 배럴은 인너 배럴에 씌워져 뿐이다. 일단 결합이 풀리면 간단하게 분리된다.

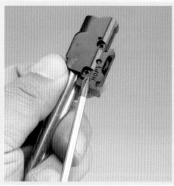

챔버 커버는 나사 두개로 고정되어 있다. 이 나사를 풀면 챔버 커버가 좌우로 분할되며 나낼 수 있다. 챔버와 인너 배럴, 홉업 다이얼을 떼어 수 있다.

마루이의 홉업 메카니즘의 심장부. 홉업 다이얼과 홉업 레버, 홉업 챔버등이 모여있다. 홉업 레버와 홉업 다이얼이 어떤 관계로 끼워져 있는지 잘 기억해둘 것.

홉업 챔버는 당기면 쉽게 빠진다. 조립할 때 뻑뻑하기도 하지만 실리콘 오일 등은 쓰지 않는게 좋다. 정 써야 하면 아주 작은 양을 홉업 창의 반대쪽 인너 배럴에 살짝 바른다.

일체형의 리코일 스프링과 가이드를 분리한다. 총구 쪽에 있는 수지제 리코일 스프링 워셔를 떼어낸다. 꽤 뻑뻑하지만 천천히 작업해서 파손을 막는다.

워셔를 분리하고 난 다음에는 스프링을 뽑기만 하면 된다.

⚙ 프레임의 분해

프레임의 분해. 먼저 슬라이드 락을 분리한다. 먼저 슬라이드 락에 텐션을 가하는 판스프링을 아래로 누른다.

판스프링을 끝까지 누르면 슬라이드 락을 좌우 어느쪽으로도 뽑을 수 있다. 분리할 수 있다.

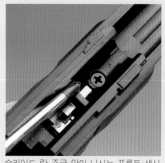

슬라이드 락 조금 앞의 나사는 프론트 섀시 고정나사다. 이것도 푼다.

프레임 뒤에 있는 리어 섀시 고정 나사. 이것도 푼다.

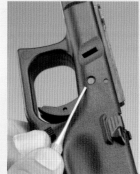

그 다음 핀들을 뽑는다. 방아쇠 바로 위의 핀과 프레임 뒤쪽의 가느다란 핀이다.

나사나 핀을 뽑으면 앞뒤 섀시 모두 그냥 뽑을 수 있다. 가느다란 부품들이 떨어지지 않게 신중하게 작업한다.

트리거 바, 트리거 바 스프링, 프론트 섀시의 관계. 스프링과 섀시의 결합부는 프레임에 가려져 있으므로 프레임에서 살짝 들어 올린 상태로 끼우거나 뗀다.

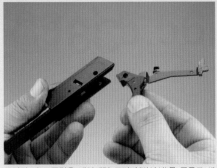

트리거 바 스프링을 떼어내면 트리거(방아쇠)를 프론트 섀시에서 떼어낼 수 있다.

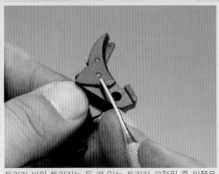

트리거 바와 트리거는 두 개 있는 트리거 고정핀 중 위쪽을 뽑으면 분리된다.

⚠ 스프링 분실주의

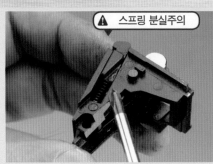

리어 섀시에 있는 노커 락과 노커 락 스프링을 분리한다. 이 것들은 섀시를 프레임에서 떼어내면 쉽게 빠진다. 작은 부품인 만큼 잃어버리기 쉬우니 주의.

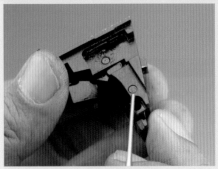

리어 섀시에 박혀있는 핀들 중 먼저 아래의 시어용 핀을 뽑는다.

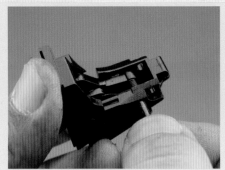

이 핀을 뽑은 다음 시어와 시어 토션을 제거할 수 있다. 나머지는 해머 부분 뿐이다.

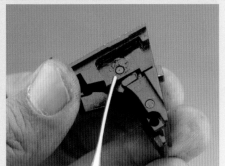

위쪽의 핀은 해머 핀이다. 이것을 제거하면 해머를 뽑을 수 있다.

해머는 위로 당겨 뺄 수 있다. 노커와 노커 토션, 시어는 아래로 뺄 수 있다.

프레임에 남아있는 안전 플레이트는 쉽게 빠진다. 조립할 때 잊지 않고 끼우도록!

탄창 멈치는 탄창 멈치 스프링에 의해 프레임에 고정되어있다. 탄창 멈치에서 이 스프링을 빼면 탄창 멈치는 자유로워진다.

각 부품을 다 분리해 전개한 상태.

이제 고정이 풀린 탄창 멈치는 프레임 오른쪽으로 뽑으면 된다.

도쿄 마루이

M45A1 CQB 피스톨

분해·조립의 포인트 👆

- M1911A1 시리즈의 현대화 버전으로 등장
- 피스톤/실린더 유닛, 가늠자, 배럴 주변은 새로 만들어 분해조립 방법도 달라
- 기본분해나 프레임의 분해방법은 M1911A1시리즈와 같다
- 프레임에서 섀시를 떼어낼 때 노커 락 스프링 분실에 주의
- 분해조립시에 시어스프링의 변형에 주의

⚙ 기본분해/배럴의 분해

슬라이드에 나 있는 홈에 슬라이드 멈치의 돌기를 맞춰 프레임 밖으로 빼낸다.

프레임에서 슬라이드를 제거한다.

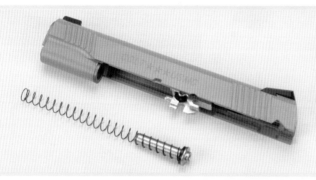

슬라이드에서 제거한다. 리코일 스프링·리코일 스프링 가이드를

리코일 스프링 플러그를 빼낸다.

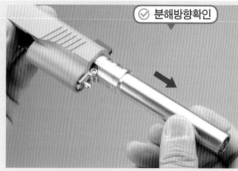

✔ 분해방향확인

부속된 부싱 렌치를 사용. 배럴 부싱을 반시계방향으로 돌려 뺀다.

배럴 어셈블리는 앞으로 뽑아서 슬라이드에서 제거한다.

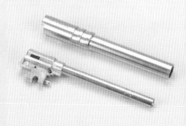

챔버 커버 우측의 육각 나사를 푼다.

아우터 배럴을 제거한다.

챔버 커버를 고정하는 접시머리 나사를 풀어 챔버 커버를 분할한다.

홉업 레버, 홉업 다이얼을 제거한다.

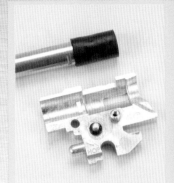

인너 배럴을 제거한다.

홉업 다이얼을 끼우는 돌기의 밑동에 작은 O링이 있다. 이걸 잃어버리지 않게 주의한다.

인너 배럴에서 G홉업챔버를 뺀다.

⚙ 슬라이드의 분해

슬라이드 뒤 좌측 안쪽에 있는 피스톤 고정용 나사를 풀어준다.

슬라이드를 좌우로 벌리면서 피스톤/실린더 유닛을 뽑아낸다.

피스톤, 실린더 유닛의 결합이 풀리면 슬라이드 뒤를 툭툭 쳐주는 정도로도 슬라이드에서 빠진다.

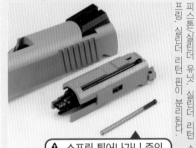

피스톤, 실린더 유닛, 실린더 리턴 스프링, 실린더 리턴 핀이 분리된다.

슬라이드를 뒤집어 가늠자를 고정하는 나사를 풀면 가늠자가 분리된다.

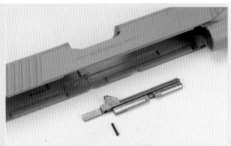

슬라이드 좌측 안쪽에 있는 슬라이드 레일을 분리한다.

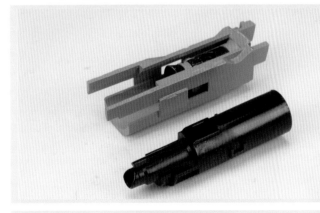

피스톤에서 실린더 유닛을 떼어낸다.

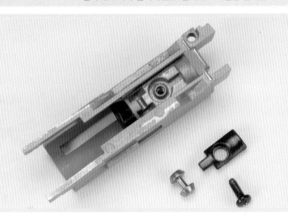

피스톤 파트를 떼고 피스톤 롤러를 분리한다.

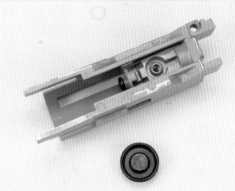

피스톤 컵을 뽑아낸다.

밸브 스토퍼를 고정하는 작은 나사를 풀고 실린더에서 밸브, 밸브 스프링, 밸브 스토퍼를 떼어낸다.

실린더 밸브 스프링은 지름이 작은 쪽을 실린더 밸브에 꽂아넣는 다 (=지름이 큰 쪽은 노즐 방향).

프레임의 분해

그립 나사를 풀고 좌우의 그립 패널을 프레임에서 떼어낸다.

⚠ 스프링&플런저 분실 주의

플런저 가이드를 떼어낸다. 플런저 가이드는 안전장치 플런저, 슬라이드 멈치 플런저, 플런저 스프링을 고정하므로 없어지면 안된다.

안전장치 레버를 좌우 모두 제거한다.

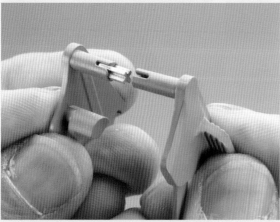

M45A1에는 좌우 안전장치 레버를 연결하는 부품이 추가되어 정확히 결합할 수 있다.

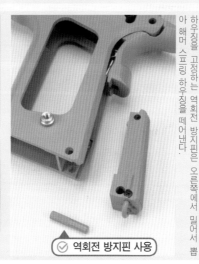

✅ 역회전 방지핀 사용

하우징을 고정하는 역회전 방지핀은 오른쪽에서 밀어서 빼아 해머 스프링 하우징을 떼어낸다.

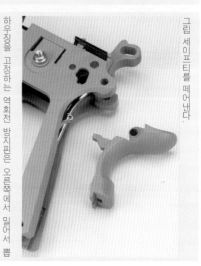

그립 세이프티를 떼어낸다.

⚠ 시어 스프링 변형주의

시어 스프링을 떼어낸다. 분해조립시에 변형되지 않게 주의한다.

섀시를 프레임에 고정하는 섀시 앞부분의 나사를 풀어준다.

프레임 좌측의 슬라이드 멈치에 감춰진 육각 나사도 풀어준다

⚠ 부품 방향에 주의

해머 핀, 시어 핀을 뽑는다.

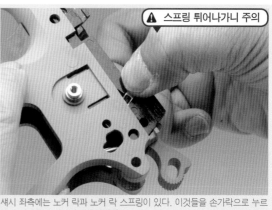

⚠ 스프링 튀어나가니 주의

섀시 좌측에는 노커 락과 노커 락 스프링이 있다. 이것들을 손가락으로 누르면서 섀시를 프레임에서 뽑아낸다.

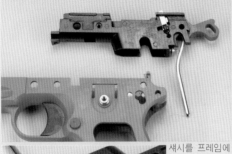

섀시를 프레임에서 꺼낸 모습. 노커 락과 노커 락 스프링은 이 단계에서 떼어내는 것을 권한다.

우측에 있는 탄창 멈치 플런저를 작은 드라이버등으로 왼쪽으로 90도 돌려 프레임에서 탄창 멈치를 떼어낸다.

프레임에서 방아쇠를 떼어낸다.

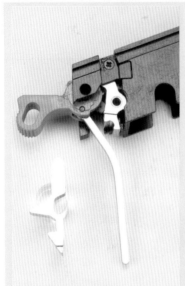

섀시 우측에 있는 디스커넥터를 떼어낸다.

섀시 우측의 리어 섀시 커버를 떼어낸다.

해머/해머 슬리브, 시어를 떼어낸다.

노커, 노커 토션, 슬리브를 떼어낸다.

✓ 스프링의 방향 확인

노커 토션은 사진처럼 섀시에 수납된다.

⚠ 스프링 튀어나오니 주의

해머 스프링 플런저 핀을 뽑아 해머 스프링, 해머 스프링 플런저를 떼어낸다.

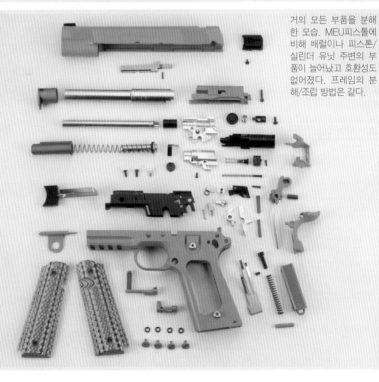

거의 모든 부품을 분해한 모습. MEU피스톨에 비해 배럴이나 피스톤/실린더 유닛 주변의 부품이 늘어났고 호환성도 없어졌다. 프레임의 분해/조립 방법은 같다.

도쿄 마루이

콜트 거버먼트 마크 IV 시리즈 70

분해·조립의 포인트 👆

- 부품이 일부 다른것 이외에는 M1911A1 시리즈의 분해조립 방법과 같음
- 실총과 마찬가지로 부품 숫자가 적고 심플한 구조
- 분해시 노커 락 스프링의 분실에 주의
- 분해조립시 시어 스프링의 변형에 주의
- 조립시 실린더 리턴 스프링의 변형 및 분실에 주의

⚙ 배럴의 분해

슬라이드의 홈과 슬라이드 멈치의 돌기부를 맞춰 슬라이드 멈치를 뽑고 슬라이드와 프레임을 분리한다.

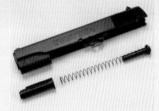
리코일 스프링, 리코일 스프링 가이드, 리코일 스프링 플런저를 떼어낸다.

부속된 부싱 렌치를 사용해 배럴 부싱을 시계 반대방향으로 돌려 뽑아낸다.

✓ 분해방향확인

배럴 어셈블리는 앞으로 뽑아 슬라이드에서 분리한다.

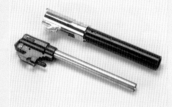
아우터 배럴에서 인너배럴 유닛을 떼어낸다.

챔버 커버를 고정하는 두 개의 나사를 풀고 챔버 커버를 분할한다.

챔버 커버 우측에서 인너배럴, 홉업 레버, 홉업 다이얼, 홉업 챔버를 꺼낸다.

⚙ 슬라이드의 분해

슬라이드 뒤에 있는 피스톤 고정 나사와 슬라이드 스페이서를 떼어낸다.

⚠ 슬라이드 파손주의

슬라이드를 좌우로 좀 벌리고 노즐을 엄지로 누르면서 실린더를 눌러 뺀다.

⚠ 스프링 변형/분실 주의

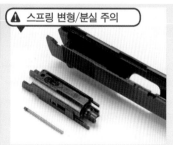
슬라이드에서 피스톤을 꺼내고 실린더 리턴 스프링을 분리한다.

피스톤에서 실린더를 떼어낸다.

실린더 밸브 스토퍼를 고정하는 작은 나사를 풀고 실린더에서 실린더 밸브, 실린더 밸브 스토퍼, 실린더 밸브 스프링을 떼어낸다.

피스톤 컵을 고정하는 나사를 풀고 Y링을 떼어낸다.

피스톤 위에 끼워진 피스톤 스페이서를 떼어낸다.

슬라이드 레일을 떼어낸다.

가늠자를 떼어낸다.

좌우의 그립 패널을 떼어낸다.

안전장치&슬라이드 멈치 플런저 가이드를 뗀다.

해머를 코킹한 상태에서 안전장치 레버를 뗀다.

메인스프링 하우징 핀을 뽑고 메인스프링 하우징을 떼어낸다.

⚠ 스프링 변형주의

그립 세이프티, 시어 스프링을 제거한다.

해머 핀, 시어 핀을 우측에서 뽑아내고 프레임 안쪽에서 디스커넥터를 떼어낸다.

메인 섀시를 고정하는 2개의 나사를 푼다.

프레임에서 메인 섀시를 뽑아낸다. 이 때 노커 락 스프링이 튀어나갈수도 있으니 노커 락 스프링이 들어있는 곳을 손가락으로 누르면서 작업하는 것이 좋다.

⚠ 스프링 분실주의

노커 락, 노커 락 스프링을 떼어낸다.

리어 섀시 커버를 떼어낸다.

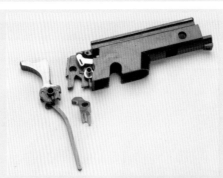

해머, 시어를 떼어낸다.

노커, 노커 토션, 슬리브를 떼어낸다.

⚠ 스프링 튀어나감 주의

해머 스프링 플런저 핀을 뽑고 해머 스프링, 해머 스프링 플런저를 분리한다.

우측의 탄창 멈치 플런저를 드라이버로 90도 왼쪽으로 돌린다.

프레임에서 탄창 멈치를 떼어낸다.

프레임에서 방아쇠를 떼어낸다.

M45A1 CQB 피스톨 vs MEU 피스톨

특징비교

하이캐퍼 D.O.R.보다도 1년 먼저 버전업된 것이 M45A1 CQB피스톨(이하 M45A1)이다. 2006년에 첫번째로 M1911A1이 발매된 이래 시리즈의 대표작인 MEU피스톨이 발매됐다. M45A1은 MEU피스톨의 후계자로 개발되었다. 외관의 리얼리티 개량은 물론 새로 개발된 블로우백 엔진과 쇼트 리코일 시스템 및 탄창을 채용했다. 단열 탄창식 거버먼트 시리즈의 걸작이라고 해도 과언이 아닌 완성도를 보여준다. 여기서는 M45A1과 MEU피스톨의 세부를 비교해보자.

아우터 배럴

아우터 배럴의 비교. 위가 MEU, 아래가 M45A1. 신형 쇼트리코일 시스템의 채용으로 아우터 배럴 기부의 형태가 변경되고 호환성이 없어졌다.

챔버 커버

M45A1(아래)는 아우터 배럴의 가이드 역할과 좌우 챔버 고정을 겸하는 육각 볼트가 추가되었고 단차를 줘서(화살표) 짧은 총열로도 확실히 기울어지게 만들었다.

홉업 시스템

홉업 시스템의 비교. 위가 MEU, 아래가 M45A1이다. 홉업 시스템 그 자체는 바뀌지 않았으나 챔버 커버 아래의 리코일 스프링 가이드를 지탱하는 돌기가 조금 짧아진 정도의 차이가 있다.

슬라이드 뒤쪽

오른쪽이 MEU, 왼쪽이 M45A1. 블로우백 엔진의 변경에 따라 가늠자가 끼워지는 부분의 형태가 바뀌었다. M45A1의 컬러링은 실총과 같은 탠 색상이 되었다.

슬라이드 레일

슬라이드 레일은 둘 다 표준 장비이지만 M45A1의 슬라이드 레일 뒤쪽에는 3각형의 경사로가 있어 아우터 배럴을 들어 올리면서 빠른 챔버 폐쇄가 가능하다.

가늠자

가늠자는 어느쪽도 노벅의 공식 라이센스 새장 부품이지만 M45A1에는 흰 점이 추가되었고 슬라이드 안쪽에서 나사로 고정되는 방식이다.

피스톤

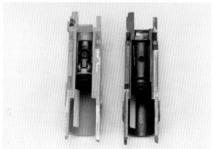

하이캐파 D.O.R.보다 먼저 M45A1에 피스톤 롤러가 채용되어 실린더의 스트로크도 연장되었다. M45A1은 피스톤도 본체와 같은 탠 색상이다.

실린더

실린더의 비교. 위가 MEU, 아래가 M45A1. 스트로크가 연장된 것을 알 수 있다. 또 측면이나 BB탄 밀어주는 돌기의 형태도 바뀌었고 가스 루트의 사이즈도 커졌다.

실린더 밸브

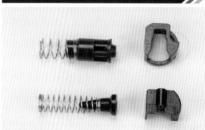

실린더 밸브도 많이 다르다. 위가 MEU, 아래가 M45A1. 가스 효율 향상을 위해 새장 모양에서 심플한 원추형으로 바뀌었으며 실린더 밸브 스프링도 피치가 좁아졌다.

USP

👆 분해·조립의 포인트

- 기본적인 분해조립 방법은 USP컴팩트와 같음
- 익스트랙터(갈퀴)가 추가되는 등 부품 구성이 일부 변경됨
- 리어 섀시의 분해조립은 순서를 잘 따라야 함
- 리어 섀시 안에 자잘한 부품이나 스프링이 많으니 주의
- 콘트롤 레버는 리어 섀시를 분해하지 않으면 분리되지 않음

⚙ 기본분해/배럴의 분해

슬라이드를 조금 후퇴시켜 슬라이드 멈치의 돌기와 슬라이드의 홈을 맞춘다.

슬라이드 멈치를 뽑는다.

프레임에서 슬라이드를 떼어낸다.

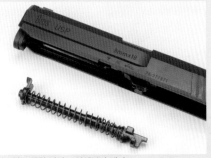

리코일 스프링 가이드 어셈블리 제거.

리코일 로드에서 아우터 배럴 가이드를 떼어내고 리코일 스프링(A)를 떼어낸다. 아우터 배럴 가이드는 탄성으로 끼워져 있을 뿐이므로 조금만 비틀면 떨어진다.

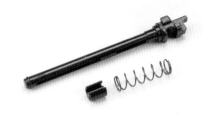

리코일 가이드 인너를 떼어내고 리코일 스프링(B)를 떼어낸다.

✅ 부품 위치 확인

리코일 가이드 인너를 장착할 때에는 리코일 로드 뒤쪽에 있는 홈과 리코일 가이드 인너의 안쪽 돌기를 맞춘다.

배럴 어셈블리를 떼어낸다.

아우터 배럴을 떼어낸다.

챔버 커버 좌측에 부속된 홉업 다이얼(1)과 (2)를 떼어낸다.

챔버 커버를 고정하는 2개의 나사를 풀고 챔버 커버를 분할한 뒤 홉업 레버를 떼어낸다

챔버 커버 우측으로부터 인너 배럴/G홉업 챔버를 떼어낸다.

슬라이드의 분해

피스톤을 고정하는 나사를 푼다.

가늠자를 떼어낸다.

⚠ **스프링 튀어나가니 주의**

슬라이드에서 피스톤/실린더 유닛, 실린더 스프링/실린더 리턴 플런저를 떼어낸다.

익스트랙터(갈퀴)를 떼어낸다.

피스톤에서 실린더를 분리한다.

피스톤 컵, 나사를 분리하고 피스톤 파트를 떼어낸다.

☑ **역회전 방지핀 사용**

실린더 밸브 핀을 뽑고 실린더 안쪽에서 실린더 밸브, 실린더 밸브 스프링을 떼어낸다.

프레임의 분해

하우징 핀을 뽑고 하우징을 떼어낸다.

⚠ **스프링 튀어나가니 주의**

하우징에서 해머 스프링, 해머 스프링 가이드를 꺼낸다.

리어 섀시 오른쪽에 있는 컨트롤 레버 스토퍼를 떼어낸다.

그립 안쪽에 있는 리어 섀시 고정용 나사를 푼다.

☑ **컨트롤 레버 위치확인**

컨트롤 레버를 안전 위치에 놓고 왼쪽으로 당긴다.

프레임에서 리어 섀시를 뽑아낸다.

☑ **역회전 방지핀 사용**

트리거 섀프트는 역회전 방지핀이니 우측에서 눌러 뺀다.

프론트 섀시를 고정하는 나사와 트리거 섀프트를 떼어낸다.

슬라이드 멈치 토션을 당겨서 뽑아낸다.

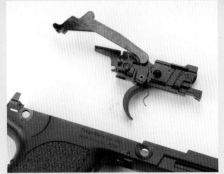

프론트 섀시 어셈블리를 떼어낸다.

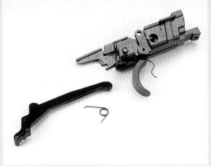

트리거 바/트리거 스프링을 떼어낸다.

⚠ 스프링 튀어나가니 주의

슬라이드 멈치, 슬라이드 멈치 인너 스프링을 떼어낸다.

트리거(방아쇠), 트리거 리턴 스프링을 떼어낸다.

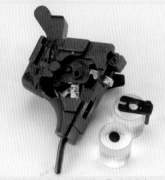

리어 섀시 우측에서 노커 리프트를 떼어낸다.

☑ 부품구성 확인

리어 섀시를 분할하기 전에 노커 토션 앞부분이 어떻게 끼워져 있는지 기억해둘 것.

리어 섀시를 고정하는 두 개의 나사를 풀고 리어 섀시를 분할한다.

⚠ 스프링 분실주의

리어 섀시 좌측부터 노커, 노커 토션을 떼어낸다.

⚠ 스프링 분실주의

퍼스트 시어, 시어 토션을 떼어낸다.

시어 토션은 사진에서처럼 다른 부품들과 결합된다.

해머를 떼어낸다.

컨트롤 레버를 떼어낸다.

⚠ 스프링 분실주의

노커 락, 노커 락 스프링을 떼어낸다.

⚠ 스프링 분실주의

세컨드 시어, 세컨드 시어 스프링을 떼어낸다.

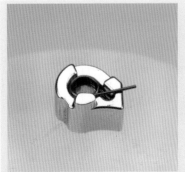

세컨드 시어 스프링은 세컨드 시어에 사진처럼 끼워진다.

⚠ 스프링 분실주의

컨트롤 레버 플런저와 스프링을 떼어낸다.

⚠ 스프링 분실주의

컨트롤 레버 클릭과 스프링을 떼어낸다.

도쿄 마루이
HK45

👆 분해 · 조립의 포인트

- 메인 섀시의 분해조립에는 자잘한 작업순서가 필요하다
- 분해할 때 안전 레버의 위치를 정하고 뽑는 작업이 중요하다
- 메인 섀시 내의 자잘한 부품이나 스프링이 많으니 주의해야
- 슬라이드 멈치는 조립할 때 프레임 쪽의 홈에 맞춰 끼워넣는다
- 홉업 다이얼이 많고(3장), 형태도 다르므로 조립할 때 주의해야 한다.

⚙️ 배럴의 분해

슬라이드를 조금 후퇴시켜 슬라이드 멈치의 돌기를 슬라이드와 홈에 맞춘 뒤 슬라이드 멈치를 뽑고 프레임과 슬라이드를 분리시킨다.

리코일 스프링 가이드 어셈블리를 떼어낸다.

리코일 스프링을 앞쪽으로 밀면서 리코일 스프링 가이드 베이스를 떼어낸 뒤 리코일 스프링, 버퍼, 배럴 가이드, 버퍼 스토퍼 등을 떼어낸다.

아우터 배럴에서 인너배럴 유닛을 떼어낸다.

챔버 커버 좌측에 부속된 챔버 파트를 떼어낸다.

챔버 커버를 고정하는 두 나사를 풀고 챔버 커버를 분할한다.

✅ 부품구성 확인

챔버 커버 우측에서 인너 배럴, 홉업 레버를 떼어낸다.

인너 배럴에서 홉업 챔버를 떼어낸다.

챔버 커버 우측에서 홉업 다이얼(A~C)를 각각 떼어낸다.

⚙️ 슬라이드의 분해

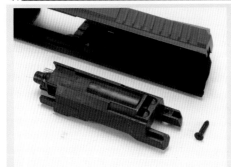
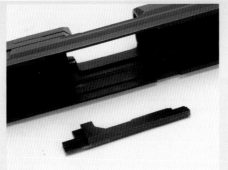

피스톤을 고정하는 나사를 풀고 슬라이드에서 피스톤을 떼어낸다.

슬라이드 좌측 안쪽에 있는 인너 스토퍼를 떼어낸다.

가늠자 안쪽에 있는 2개의 접시머리 나사를 풀고 가늠자를 떼어낸다.

⚠ 스프링 튀어나가니 주의

실린더 리턴 스프링&가이드를 떼어내고 피스톤에서 실린더를 떼어낸다.

✓ 역회전 방지핀 사용

실린더 밸브 핀을 뽑고 실린더 내부에서 실린더 밸브, 실린더 밸브 스프링을 꺼낸다.

피스톤 컵, 나사를 떼어내고 피스톤 파트를 꺼낸다.

⚙ 메인 섀시의 분해

백스트랩을 떼어낸다.

해머 스프링 아래에 있는 건락을 눌러 들어올린 뒤 건 락, 해머 스프링, 해머 스프링 플런저를 꺼낸다.

✓ 홈과 돌기의 형상 확인

우측의 슬라이드 멈치를 떼어낸다. 조립할 때에는 프레임쪽의 홈과 슬라이드쪽의 돌기를 맞춰 조립한다.

✓ 고난이도

해머를 일단 전진 상태로 놓고 해머와 트리거 바를 손가락으로 누르면서 안전장치를 안전 위치로 놓고 좌측으로 조금 당겨 빼면 '찰칵' 소리가 난다. 그 위치에 놔둔다. 메인 섀시를 고정하는 앞뒤 두 개의 나사를 풀고 프레임에서 메인 섀시, 트리거 바를 떼어낸다.

⚠ 스프링 분실주의

메인 섀시 좌측 뒤의 부품 구성. 특히 노커 락 스프링을 잃어버리지 않게 한다.

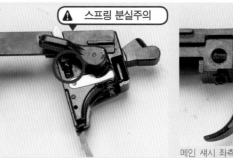

✓ 부품구성 확인

메인 섀시 좌측 앞쪽의 부품 구성. 트리거 스프링&플런저, 슬라이드 스톱 플레이트가 부속되어있다.

⚠ 스프링 분실주의

세이프티 클릭과 세이프티 클릭 스프링을 떼어낸다.

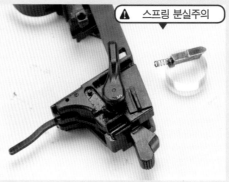

⚠ 스프링 분실주의

노커 락과 노커 락 스프링을 떼어낸다.

노커 리프트를 떼어낸다. 노커 리프트는 안전장치의 켜짐·꺼짐에 무관하게 중요한 부품이다.

리어 섀시를 고정하는 3개의 나사를 풀고 리어 섀시를 떼어낸다.

✓ 부품 구성 확인

리어 섀시 안쪽에서 노커, 노커 스프링을 떼어낸다.

시어와 시어 스프링을 떼어낸다.

세컨드 시어와 세컨드 시어 스프링을 떼어낸다.

⚠ 스프링 분실주의

해머 스페이서를 떼어낸다.

메인 섀시에서 해머를 떼어낸다.

메인 섀시에서 안전장치 레버를 떼어낸다.

⚠ 스프링 분실주의

섀시 커버를 벗기고 안전장치 플런저 & 스프링을 떼어낸다.

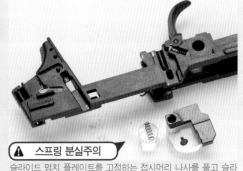

⚠ 스프링 분실주의

슬라이드 멈치 플레이트를 고정하는 접시머리 나사를 풀고 슬라이드 멈치 플레이트/멈치 플레이트 스프링을 떼어낸다.

⚠ 스프링 분실주의

트리거 스프링&플런저를 떼어낸다.

트리거 핀을 뽑고 트리거(방아쇠). 더미 스프링을 뗀다.

프론트 섀시를 고정하는 나사 셋을 풀고 메인 섀시와 프론트 섀시를 분할한 뒤 슬라이드 릴리즈 락을 떼어낸다.

트리거 바 스프링을 떼어낸다.

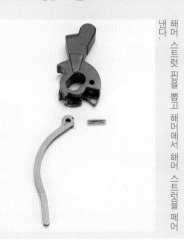

해머 스트럿 핀을 뽑고 해머에서 해머 스트럿을 떼어낸다.

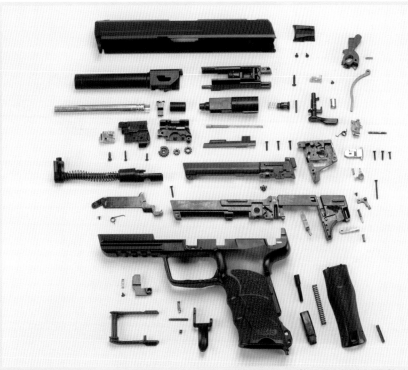

부품을 다 분해한 상태. 메인 섀시 관련 부품, 특히 나사와 스프링이 많으므로 분해할 때 잃어버리거나 조립할 때 실수하지 않도록 조심할 것.

U.S.M9피스톨

분해 · 조립의 포인트 👆

- ●M92F 밀리터리와는 탄창 외에 호환성 없음(완전 신규설계)
- ●안전장치/디코킹 레버 주변의 부품 구성이 복잡
- ●슬라이드 멈치 뒤쪽에 있는 슬라이드 멈치 스프링의 변형에 주의
- ●트리거 리턴 스프링과 트리거 바의 위치 관계를 파악해 둘 것
- ●자잘한 나사나 스프링의 분실/조립 실수에 주의

⚙ 슬라이드의 분해

✅ 정밀 6각렌치 필요

설명서에 따라 슬라이드를 분리한 뒤 슬라이드에서 배럴, 리코일 스프링 가이드를 떼어낸다. 오른쪽의 안전장치 레버를 떼어낸다. 안전장치를 안전 위치로 내리고 위쪽에 노출된 0.89mm의 육각 나사를 풀어 안전장치 레버를 떼어낸다.

다음에는 안전장치가 풀린 상태로 레버를 되돌린 뒤 슬라이드 뒤에서 보이는 육각 버튼형 볼트(실총의 공이를 모방)를 푼다. 안전장치가 풀린 상태에서만 이 나사가 보인다.

⚠ 플런저 분실주의

좌측의 안전장치 레버는 버튼형 볼트를 풀지 않으면 떼어낼 수 없다. 버튼형 볼트를 떼어낸 다음 수평보다 조금 위 상태로 레버를 올린다. 이 때 레버 안에 있는 플런저가 튀어나가지 않게 천천히 올려줘야 한다.

다음은 안전장치 레버를 뽑아내면 되지만, 안쪽의 플런저는 늘 잊어버리지 않게 조심한다. 작은 스프링이 세트로 끼워진 이 부품이 없어지면 안전장치가 제대로 걸리지 않는다.

다음은 슬라이드 오른쪽에서 오른쪽 안전장치 레버를 고정하는 레버 베이스를 떼어낸다.

✅ 부품 구성 확인

피스톤 레일을 고정하는 나사 둘을 푼다. 탄피배출구 아래에 있는 것과 슬라이드 뒤에 있는 것이다. 이 중 슬라이드 뒤쪽에 끼워진 나사가 약간 길다. 여기에 주의.

두 개의 나사를 풀고 실린더 유닛을 떼어낸다. 슬라이드 뒷부분의 결합이 풀릴 때까지 슬라이드 뒤에서 아래쪽으로 뽑듯이 움직이며 결합이 풀리면 총구쪽부터 벗겨내듯 떼어내면 된다.

⚠ 스프링 분실주의

실린더 유닛을 떼어낼 때 실린더 리턴 스프링과 실린더 리턴 핀이 뽑혀버릴 가능성이 매우 높다. 조립할 때 스프링과 핀의 위치는 사진과 같다.

여기도 분해시에 떨어지기 쉬운 부품인 안전장치 레버 파트이다(은색 부품). 이 부품을 지탱하는 스프링의 위치는 사진을 보고 조립할 때 참고하시기 바란다.

✅ 역회전 방지핀 사용

피스톤에서 실린더를 뽑고 실린더 중간쯤에 있는 핀을 뽑으면 실린더가 분해된다. 이 핀은 역회전 방지용 홈이 파여있으므로 왼쪽에서 밀어 뽑아야 한다.

핀을 뽑으면 실린더 안에서 실린더 밸브 스프링과 실린더 밸브가 빠진다. 조립할 때에는 이 사진의 순서대로 조립하며 밸브를 총구쪽으로 완전히 밀어넣은 상태에서 핀을 꽂아넣는다.

그 다음은 배럴의 분해. 인너 배럴과 아우터 배럴은 챔버 커버 뒤쪽 근처의 왼쪽에 있는 핀에 맞물린다. 아우터 배럴을 뒤틀듯 움직이면 결합을 풀 수 있다.

☑ 역회전 방지핀 사용

로킹 블록 핀을 뽑으면 로킹 블록과 스프링이 떨어진다. 이 핀도 역회전 가공된 것이므로 왼쪽에서 오른쪽으로 뽑는다.

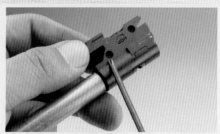

챔버 커버에 있는 작은 두 개의 +(플러스) 나사를 풀면 챔버 커버가 좌우로 분해된다. 이것은 다른 도쿄 마루이제 에어건과 같다.

챔버 커버를 분해한 뒤 홉업 챔버를 떼어낸다.

배럴 웨이트를 떼어내려면 먼저 O링을 챔버쪽으로 뽑아낸다. 홉업 챔버가 걸리는 홈에 걸려버릴 확률이 높으므로 이쑤시개등을 준비한다.

O링을 벗겨내면 그 다음은 배럴 웨이트를 뒤로 뽑아내면 된다.

⚙ 프레임의 분해

육각 렌치를 사용해 그립 나사를 푼다.

그립을 풀면 먼저 트리거 바 스프링을 떼어낸다.

앞쪽 인너 프레임, 방아쇠 바로 위의 트리거 리턴 스프링이 트리거 바에 걸리므로 이걸 풀면 트리거 바를 떼어낼 수 있다.

⚠ 스프링 파손주의

다음은 슬라이드 멈치를 분해한다. 슬라이드 멈치는 프레임과 맞물려 있으므로 위로 크게 돌리면서 빼야 한다. 이 때 슬라이드 멈치 뒤에 있는 슬라이드 멈치 스프링이 휘지 않게 조심한다. 프레임과의 결합이 풀리면 곧바로 뒤쪽으로 당겨 뽑아낸다.

슬라이드 멈치 스프링에 걸려 안 빠지던 트리거 핀도 이제 뽑을 수 있다.

핀 펀치로 트리거 핀을 두들겨 빼 내면 방아쇠와 트리거 리턴 스프링이 빠진다.

☑ 부품 구성 확인

트리거 리턴 스프링과 트리거 바는 이처럼 서로 간섭한다. 조립할 때 의외로 걸리적거리기 쉬우므로 어떻게 끼워지는지 잘 기억하고 조립해야 한다.

분해 레버는 섀시를 들어낼 일이 없으면 분해할 필요도 없다. 오른쪽 버튼을 누르면서 레버를 아래가 아니라 위로 돌려 떼어낸다. 그러면 자동적으로 오른쪽의 버튼도 분리된다.

그 다음은 프론트 섀시를 고정하는 나사를 풀면 자연스럽게 분리된다. 여기까지 작업하면 프론트 섀시도 자연스럽게 빠진다.

다음은 리어 섀시의 분해다. 먼저 해머 핀을 뽑는다. 해머 핀은 해머 스프링의 텐션이 걸려있는 상태이므로 해머를 아래로 내려 어느 정도 밀면서 당겨 뽑거나 해머 스프링 하우징을 뽑아 내면 부드럽게 빠진다.

해머는 스트럿(지주)과 일체형으로 되어있다. 어느 정도 움직이기는 하지만 해머 핀을 뽑아내면 위쪽으로 당겨 뽑아내기만 하면 된다.

그립 바닥에 있는 핀을 뽑으면 랜야드 링(멜빵고리)과 한 몸인 해머 스프링 하우징이 빠진다.

리어 섀시와 프레임을 결합하는 두 개의 핀을 뽑는다. 리어 섀시에는 특히 자잘한 부품이나 스프링이 숨어있다. 따라서 프레임에서 떼어낼 때 조심해야 한다.

⚠ 스프링 분실주의

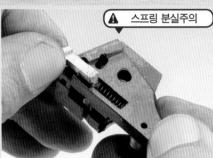

노커 락과 노커 락 스프링은 그냥 맞물려 있을 뿐이므로 먼저 뽑아 잃어버리지 않게 한다.

아주 작은 나사이지만 이걸 풀고 리어 섀시 플레이트를 떼지 않으면 더블액션 기능의 핵심부에 접근할 수 없다.

ㄷ자형 디코킹 바를 떼어낸다. 이것도 뒤에 스프링이 끼워져 있으므로 튀어나가지 않게 주의해야 한다.

✓ 부품구성 확인

시어와 시어 스프링도 떼어낸다. 이 때 스프링이 섀시나 시어와 어떻게 관계되는지 확실히 기억해야 한다. 안 그러면 조립할 때 애먹을 수 있다.

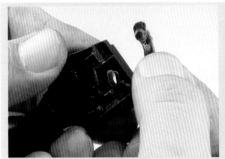

드디어 가장 깊숙이 있는 노커에 도달하지만 이것으로 끝이 아니다.

마지막으로 핀 펀치가 가리키는 곳에 있는 노커 핀을 뽑아낸 뒤 노커 스프링을 떼 낸다. 얼핏 보면 필요 없어 보이지만 이걸 분해하는 편이 조립도 쉬워지므로 순서에 맞춰 소개해 봤다.

각 부품을 펼쳐본 모습.

스미스&웨슨
M&P9
V커스텀

분해·조립의 포인트

- 타 모델에 비해 부품은 많지만 구조는 간단
- 해머 섀시 분해시 노커 스프링이 튀어나갈수도 있음
- 해머 스프링의 텐션이 강해 해머 조립이 좀 번거로움
- 해머와 맞물린 노커의 조립도 복잡
- 블랙 모델과 분해조립 방법은 같음

⚙ 기본분해

슬라이드를 후퇴고정시킨 뒤 분해 레버를 시계 반대 방향으로 90도 아래로 돌린다.

분해 레버를 내린 상태에서 슬라이드를 살짝 뒤로 당겨 슬라이드 멈치를 해제시킨다. 그대로 슬라이드를 앞으로 밀어 프레임에서 떼어낸다.

슬라이드에서 배럴 어셈블리, 리코일 스프링 가이드를 떼어낸다.

⚙ 배럴의 분해

아우터 배럴에서 인너 배럴을 뽑아낸다.

챔버 커버 뒤에 있는 더미 카트(가짜 탄피)를 뽑아낸다.

홉업 다이얼 A와 B를 분리.

챔버 커버를 고정하는 두 개의 나사를 푼다.

챔버 커버를 좌우로 벌려 홉업 레버·인너 배럴을 떼어낸다.

조립할 때에 홉업 레버의 아래에 뻗어있는 부분을 챔버 커버 왼쪽에 꽂는다.

⚙ 슬라이드의 분해

피스톤을 안쪽에서 고정하는 두 개의 나사를 푼다.

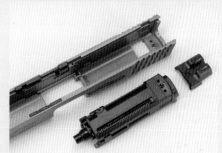
슬라이드에서 피스톤, 가늠자(리어사이트)를 뗀다.

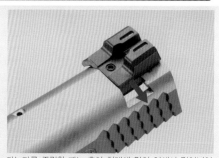
가늠자를 조립할 때는 홈의 형태에 맞춰 옆에서 밀어넣어야 한다.

피스톤에서 실린더, 실린더 리턴 스프링을 떼어낸다

✓ 역회전 방지핀 사용

실린더 핀을 뽑고 실린더 밸브, 실린더 밸브스프링을 꺼낸다.

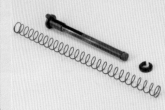

U자모양의 리코일 스프링 스토퍼를 비틀듯이 리코일 스프링 가이드에서 떼어내고 리코일 스프링을 떼어낸다.

슬라이드 안쪽의 가늠쇠 스프링을 뒤쪽으로 밀어 제거하여 가늠쇠를 슬라이드에서 떼어낸다.

⚙ 프레임의 분해

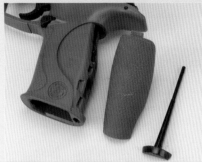

팜스웰을 고정하고 있는 프레임부품을 뽑아내어 팜스웰을 떼어낸다.

프레임 롤 핀, 해머 섀시를 고정하는 나사를 풀어낸다.

⚠ 스프링 튀어나감 주의

프레임에서 해머 섀시를 떼어낼 때 노커 락 및 노커 락 스프링이 튀어나가지 않도록 주의한다.

프레임에서 해머 섀시, 노커 락, 노커 락 스프링을 떼어낸다.

⚠ 스프링 튀어나감 주의

해머 섀시로부터 세이프티(안전장치), 세이프티 클릭핀 및 그 스프링을 떼어낸다.

해머 섀시를 고정하는 고정나사 3개를 풀어 해머 섀시를 분해한다.

해머 섀시 오른쪽에서 시어와 시어 스프링을 떼어낸다

✓ 부품구성 확인

프레임 좌측에 고정된 해머와 노커의 위치를 기억해둘 것.

해머, 노커, 해머핀 슬리브를 떼어낸다.

✓ 부품구성 확인

해머 스프링, 노커 토션은 이와 같이 고정된다.

⚠ 스프링 분실 주의

해머 스프링, 노커 토션을 떼어낸다.

로킹 블록을 고정하는 프레임 핀, 프레임 롤 핀, 나사를 제거한다.

로킹블록을 프레임에서 떼어낸다.

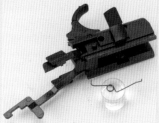
슬라이드 스프링을 떼어낸다.

테이크다운(분해) 레버를 떼어낸다

트리거(방아쇠) 핀을 뽑아내면 방아쇠와 슬라이드멈치를 제거할 수 있다.

✔ 부품구성 확인

방아쇠 스프링은 이와같이 트리거 바와 연결되어 있다.

트리거 바 핀을 뽑아내면 트리거 바를 제거할 수 있다.

탄창 멈치에 걸려있는 탄창 멈치스프링을 떼어낸다.

프레임에서 탄창 멈치와 탄창 멈치 스프링을 떼어낸다.

⚙ 탄창의 분해

매거진 범퍼 스토퍼를 위쪽으로 밀어올리면 매거진 범퍼를 제거할 수 있다.

⚠ 스프링 튀어나감 주의

매거진 바텀(바닥) 핀을 2개 뽑아내면 매거진 바텀, 매거진 범퍼 스토퍼를 제거할 수 있다.

탄창에서 팔로워 및 팔로워 스프링을 떼어낸다

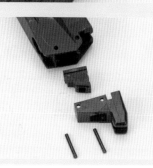
전용 렌치를 사용하여 방출밸브를 떼어낸다

매거진 핀을 두 개 제거한 후 BB 립 및 매거진 가스킷을 떼어낸다

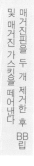

거의 모든 부품을 전개해 보았다. 부품 숫자는 그다지 많은 편이 아니다. 해머와 노커의 조립이 약간 어려울 뿐이다.

스미스&웨슨
M&P 9L
PC 포티드

👉 분해·조립의 포인트

- 마이크로 프로사이트를 결합할 수 있는 롱슬라이드모델
- 피스톤/실린더 유닛이 새로 설계되어 M&P 9과 호환되지 않는다
- 가늠자 역시 M&P 9과 다른 물건
- 길이가 연장된 인너 배럴과 아우터 배럴
- 프레임의 분해 조립방법은 M&P 9과 동일하다 (P.89를 참조)

⚙ 기본분해 / 배럴의 분해

슬라이드를 후퇴고정시킨 이후 분해 레버를 시계방향(아래쪽)으로 90도 회전시킨다.

분해 레버를 내린 상태로 슬라이드를 약간 당기면 슬라이드 멈치가 풀리고, 그대로 앞으로 밀면 프레임에서 분리된다.

슬라이드에서 배럴 어셈블리와 리코일 스프링 가이드를 떼어낸다

아우터 배럴에서 인너 배럴을 빼낸다

챔버 커버 뒤쪽의 더미 탄피를 떼어낸다.

홉업다이얼 A와 B를 떼어낸다.

챔버 커버를 고정하고 있는 나사 2개를 푼다.

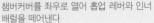

인너 배럴에서 G홉업챔버를 떼어낸다. 인너 배럴은 흑색 도금처리 되어있다.

챔버커버를 좌우로 열어 홉업 레버와 인너 배럴을 떼어낸다

홉업 다이얼 A가 세팅되는 부분에는 작은 O링이 있으므로 조립할 때 잊지 않도록 한다.

⚙️ 슬라이드의 분해

피스톤을 안쪽에서 고정하는 나사 둘을 푼다.

가늠자 앞쪽의 슬라이드 커버를 떼어낸다.

⚠️ 스프링 튀어나감 주의

슬라이드에서 피스톤과 실린더 유닛을 떼어낸다. 실린더 리턴 스프링, 실린더 리턴 스프링 핀이 튀어나가지 않도록 주의한다.

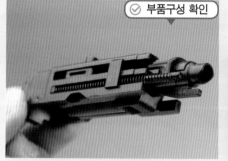

✔️ 부품구성 확인

실린더 리턴스프링, 실린더 리턴스프링핀은 피스톤 오른쪽에 위치한다.

리어사이트(가늠자)를 떼어낸다.

실린더 리턴 스프링, 실린더 리턴 스프링 핀을 떼어낸다

피스톤에서 실린더 유닛을 떼어낸다.

피스톤 컵을 떼어낸다.

피스톤 파트를 떼어낸다.

✔️ 역회전 방지핀 사용

실린더 밸브를 고정하는 역회전 방지핀은 왼쪽에서 밀어내어 제거한다.

실린더에서 실린더 밸브와 실린더 밸브 스프링을 떼어낸다.

M&P 9(오른쪽)과 9L의 피스톤 및 실린더 유닛을 비교한 것. 9L은 마이크로 프로사이트를 장착할 수 있도록 하기 위해 윗면이 평평하게 되어 부품이 호환되지 않는다

실린더의 비교. 오른쪽이 9, 왼쪽이 9L로서 전체적 형태가 다를 뿐 아니라 9L은 전체적으로 직경이 작다.

시그 자우어
P226E2

분해・조립의 포인트 ✌

- P226 레일버전과는 리어 섀시 및 노커, 시어 등의 부품구성이 다르다
- P226 레일버전의 그립 및 해머 스프링 하우징을 장착할 수 없다
- 그립은 스프링 핀으로 고정되어 있어 드라이버등을 좌우 그립 부품 사이에 끼워넣어 벌리는 방식으로 분해한다
- 조립시 세이프티 바를 장착하는 방향에 주의한다
- 조립시 해머 핀에 해머 스트럿 앞쪽을 걸어둔 상태로 조립한다

⚙ 기본분해 / 배럴의 분해

슬라이드를 사진의 위치까지 당긴 상태로 분해레버를 아래로 90도 회전시킨후 슬라이드를 앞쪽으로 밀어내면 프레임에서 분리된다.

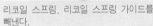

리코일 스프링, 리코일 스프링 가이드를 빼낸다.

배럴 어셈블리를 빼낸다.

아우터 배럴에서 인너 배럴을 뽑아낸다.

챔버 커버를 고정하고 있는 나사 2개를 풀어 챔버 커버를 분할한다.

챔버 커버 오른쪽에서 홉업 레버, 홉업 다이얼, 인너 배럴, G홉업 챔버를 떼어낸다.

⚙ 프레임의 분해

좌우 그립은 스프링 핀 3개로 결합되어 있어 양 부품 틈새에 정밀드라이버 등을 끼워 약간씩 벌려나가는 방식으로 프레임에서 떼어낸다.

✓ 부품방향 확인

프레임 오른쪽의 트리거 바 스프링의 방향을 확인하며 트리거 바 스프링을 떼어낸다.

프레임 왼쪽의 E2 디코킹 홀더를 떼어낸다.

⚙ 슬라이드의 분해

⚠ 스프링 튀어나감 주의

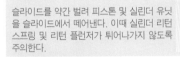

피스톤 뒤쪽의 가늠자 고정용 나사 2개를 풀어 리어사이트를 떼어낸다.

슬라이드를 약간 벌려 피스톤 및 실린더 유닛을 슬라이드에서 떼어낸다. 이때 실린더 리턴 스프링 및 리턴 플런저가 튀어나가지 않도록 주의한다.

피스톤에서 실린더, 실린더 리턴 스프링, 리턴 플런저를 떼어낸다.

실린더 윗쪽의 작은 나사를 풀어 실린더 밸브, 실린더 밸브 스프링, 밸브 스토퍼를 떼어낸다.

✓ 부품방향 확인

가늠쇠를 고정하고 있는 U자형 가늠쇠 스프링을 제거하여 슬라이드에서 가늠쇠를 떼어낸다.

가늠쇠 스프링은 가늠쇠의 돌기에 끼워지도록 좌우에 단차가 있는 쪽을 슬라이드 안쪽(아래쪽)으로 결합한다.

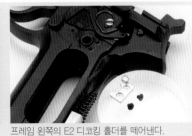

디코킹 레버・E2 디코킹 스프링을 떼어낸다.

E2 디코킹 베이스・E2

⚠ 스프링 튀어나감 주의

조립할 때는 E2 해머 스트럿 앞쪽을 해머 핀에 걸친 상태로 해머 스프링, E2 해머 하우징을 조립한다.

머 스프링, E2 해머 스트럿, E2 해머 스프링, E2 해머 하우징을 떼어낸다.

✓ 역회전 방지핀 사용

프레임 뒤쪽의 샤시 핀 A를 오른쪽에서 밀어내어 제거한다.

샤시 핀 B(사진 왼쪽)도 마찬가지로 오른쪽에서 밀어내어 제거한다.

⚠ 스프링 튀어나감 주의

프레임에서 리어 샤시를 떼어낸다. 노커 락 스프링이 리어 샤시 왼쪽에 노출되므로 튀어나가 분실되지 않도록 주의한다.

리어 샤시에서 노커 락 및 노커 락 스프링을 떼어낸다.

✓ 부품구성 확인

리어 샤시 오른쪽의 고정나사 2개를 풀어 우측 리어 샤시를 떼어낸다.

해머를 떼어낸다.

⚠ 스프링 분실 주의

E2시어 및 E2시어 스프링을 떼어낸다.

E2노커 및 E2노커 스프링을 떼어낸다.

분해 레버를 원위치시킨 후 이를 고정하고 있는 세이프티 클릭을 도구(핀펀치 등)를 사용하여 누른 상태로 오른쪽에서 밀어내어 분해한다

분해레버를 조립할 때는 레버의 돌기가 프레임의 홈에 맞도록 한 후에 세이프티 클릭을 핀 펀치등의 도구로 누른 상태로 결합한다.

프레임 왼쪽의 육각 볼트를 풀어낸다.

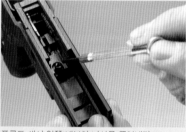

프론트 샤시 앞쪽 내부의 나사를 풀어낸다.

⚠ 스프링 분실 주의

프레임에서 프론트 샤시를 떼어낸다. 이때 프론트 샤시 왼쪽의 슬라이드 멈치 스프링에 주의한다.

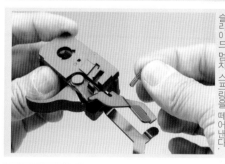

슬라이드 멈치 스프링을 떼어낸다.

아낸 후 슬라이드 멈치를 우측에서 밀어 뽑아낸다.

✓ 부품구성 확인

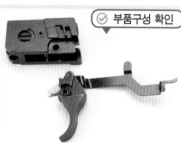

프론트 샤시에서 트리거 세트를 떼어낸다

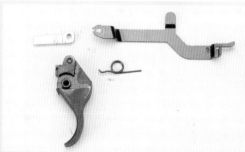

트리거와 세이프티 바, 트리거 바, 트리거 스프링을 떼어낸다.

탄창 멈치 스토퍼 및 탄창 멈치 스프링을 프레임에서 떼어내어 탄창 멈치를 떼어낸다.

프레임 오른쪽의 탄창8멈치 커버를 떼

가스 블로우백 M4A1 MWS

☝ 분해 · 조립의 포인트

- 배럴 베이스와 버퍼 링 너트는 차세대 전동건 M4용 렌치 사용가능
- 조정간은 해머가 코킹된 상태에서 특정한 위치로 조정해야 분해가능
- 해머 유닛은 조금씩 밀어내며 리시버에서 떼어낸다
- 볼트 캐치(노리쇠 멈치) D스프링은 텐션이 강하므로 분실에 주의한다
- 디스커넥터 스프링, 트리거 B스프링은 굵기와 길이가 다르므로 혼용하지 않도록 주의한다

⚙ 기본분해/배럴의 분해

기본분해 후 상부몸통에서 노리쇠 뭉치와 장전 손잡이를 떼어내고, 프레임 핀을 끝까지 밀어내어 상부 몸통과 하부 몸통을 떼어낸다.

핸드가드 링을 뒤쪽으로 밀고 RAS 하부를 떼어낸다.

RAS 상부의 나사를 푼다.

배럴 기부에서 RAS 상부를 떼어낸다

소염기는 오른쪽으로 돌리면(=역나사) 아우터 배럴에서 떼어낼 수 있다. 나사는 14mm 역나사.

가늠쇠 베이스 아래쪽에 있는 육각나사를 푼다

⊘ 역회전 방지핀 사용

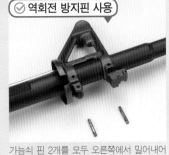

가늠쇠 핀 2개를 모두 오른쪽에서 밀어내어 제거한다.

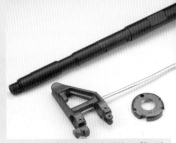

가스튜브가 결합된 가늠쇠 베이스, 핸드가드 캡을 떼어낸다.

배럴 더미 너트를 고정하고 있는 나사를 풀고 배럴 더미 너트를 떼어낸다.

핸드가드 링, 핸드가드 링 스프링을 떼어낸다.

⊘ 전용공구 필요

마루이의 차세대 전투건 M4 계열용 렌치를 사용하여 배럴 너트를 떼어낸다.

아우터 배럴을 앞으로 서서히 당기며 상부 몸통에서 떼어낸다.

아우터 배럴을 떼어내면 이너 배럴이 노출된다.

가스 튜브가 결합되는 구멍 안에 있는 홉업 다이얼 유닛 고정용 나사를 푼다.

이너 배럴을 잡은 채로 홉업 다이얼 유닛을 뒤쪽으로 당긴다.

떼어낸 상태의 홉업 다이얼 유닛.

인너 배럴을 떼어낸다.

챔버 커버를 고정하는 O링을 떼어낸다.

챔버 커버를 분해한다.

챔버 커버 오른쪽 부품에서 홉업 레버, 쿠션 고무 튜브를 떼어낸다.

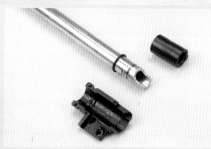

챔버 왼쪽 부품에서 인너 배럴, G26 챔버를 떼어낸다

⚠ 스프링 분실 주의

홉업 다이얼을 고정하는 나사를 풀어 홉업 다이얼, 클릭 핀 및 스프링을 떼어낸다.

홉업 다이얼 베이스에서 홉업레버 A를 떼어낸다.

홉업 다이얼 베이스 뒤쪽의 댐퍼와 O링을 떼어낸다.

⚙ 볼트 부분의 분해

볼트 캐리어 키를 고정하고 있는 나사 2개와 볼트 캐리어 키 스프링을 떼어낸다.

피스톤을 당기면서 볼트 캐리어 키를 앞으로 밀어낸다.

공이를 고정하고 있는 피스톤 바를 제거한다.

노리쇠에서 피스톤을 떼어낼 수 있다.

피스톤 뒤쪽의 O링 및 피스톤 컵을 떼어낸다.

밸브 스토퍼를 고정하고 있는 피스톤 위쪽의 나사를 풀어낸다.

밸브 스토퍼, 피스톤 리턴 스프링, 공이 핀이 한덩어리로 피스톤에서 제거된다.

피스톤에서 피스톤 밸브, 피스톤 밸브스프링을 떼어낸다.

개머리판 조정레버를 최대한 아래로 당긴 상태로 개머리판을 버퍼 튜브로부터 떼어낸다.

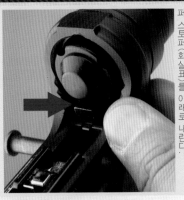

버퍼 스프링 가이드 유닛을 고정하고 있는 버퍼 스토퍼(화살표)를 아래로 내린다.

⚠ **스프링 튀어나감 주의**

버퍼 튜브에서 버퍼 스프링 가이드 유닛, 버퍼 스프링을 밖으로 꺼낸다.

그립을 고정하고 있는 그립 나사를 풀어 그립을 떼어낸다.

탄창 멈치 버튼을 끝까지 누른 상태로 탄창 멈치를 왼쪽으로 돌려 떼어낸다.

해머를 후퇴시킨 상태로 조정간을 사진과 같은 위치에 두고 몸통 오른쪽에 노출된 부분에 힘을 가해 누른다.

조정간의 분해는 요령이 필요하나 요령만 알면 어렵지 않다.

해머 유닛 뒤쪽의 해머유닛 고정용 나사를 풀어낸다.

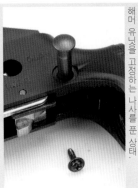

해머 유닛을 고정하는 나사를 푼 상태.

트리거 섀프트를 밀어낸다.

방아쇠울을 개방한 상태로 플라스틱 해머 등을 사용하여 방아쇠를 가볍게 두드려 하부 몸통에서 해머 유닛을 떼어낸다.

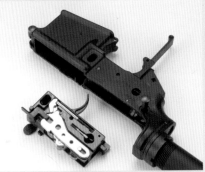

하부 몸통에서 분리된 해머 유닛.

인너 프레임 오른편에서 노리쇠 멈치 B를 떼어낸다.

인너 프레임 왼편에서 노리쇠 멈치, 노리쇠 멈치 스프링을 떼어낸다.

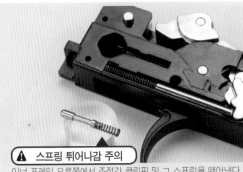

⚠ **스프링 튀어나감 주의**

인너 프레임 오른쪽에서 조정간 클릭핀 및 그 스프링을 떼어낸다.

✓ **부품구성 확인**

이어서 노리쇠 멈치 C를 떼어낸다. 노리쇠 멈치 D 및 그 스프링, 노리쇠 멈치 D의 스프링은 상당히 강한 힘을 받고 있으므로 분실에 주의한다.

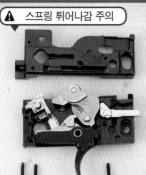

⚠ 스프링 튀어나감 주의

인너 프레임을 고정하는 나사 3개를 풀어 해머 유닛을 열어준다.

✓ 부품구성확인

단발 시어 및 스프링(외쪽)과 연발 시어 및 스프링(오른쪽)을 떼어낸다.

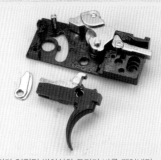

디스커넥터가 연결된 방아쇠와 트리거 바를 떼어낸다.

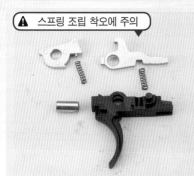

⚠ 스프링 조립 착오에 주의

방아쇠에서 디스커넥터 및 스프링, 트리거B 및 스프링을 떼어낸다. 두 스프링의 굵기와 길이가 다르므로 혼동되지 않도록 한다.

⚠ 스프링 분실 주의

노커와 노커 스프링을 떼어낸다.

해머 롤러와 롤러 섀프트가 부착된 해머 및 스프링을 떼어낸다.

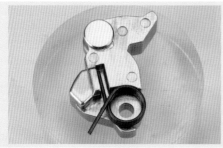

해머 스프링과 해머의 위치관계는 사진과 같다.

한편 해머 스프링와 인너 프레임의 위치관계는 사진과 같다.

⚙ 버퍼 튜브의 분해

버퍼 링 너트를 차세대 전동건 M4계열용 렌치로 풀어내어 버퍼링을 후퇴시킨 뒤 버퍼 튜브를 돌려 하부몸통으로부터 떼어낸다.

버퍼 링 앞면에는 버퍼 튜브의 홈과 맞물리는 돌기가 있어 버퍼 튜브가 제 위치에 고정되게끔 한다.

긴 십자(+)드라이버로 버퍼 튜브 안쪽의 버퍼 튜브 엔드를 고정하는 나사를 풀어 버퍼 튜브 엔드를 떼어낸다.

버퍼 튜브에서 버퍼 튜브 캡을 떼어낸다.

⚠ 스프링 분실 주의

프레임 핀 스토퍼와 그 스프링을 빼낸 후 프레임핀을 떼어낸다.

⚠ 스프링 분실 주의

버퍼 핀 스토퍼를 분리한 후 버퍼 스토퍼와 그 스프링을 떼어낸다.

버퍼 스토퍼는 사진과 같은 방향으로 하부 몸통과 결합된다.

버퍼 핀 스토퍼는 하부 몸통 뒷면 왼쪽(화살표)에 결합된다.

가스 블로우백
MP7A1

분해·조립의 포인트 👆

- 컴팩트 전동건 바디에 GBB용 메인 섀시를 탑재
- 노리쇠뭉치 및 실린더 주변 부품이 단순
- 메인 섀시는 조정간 및 방아쇠를 분해한 후에 분해가능
- 메인 섀시 분해 후 인너 배럴 분해가능
- 자잘한 부품 및 스프링 등이 많으므로 분실 및 혼동에 유의

⚙ 기본분해 / 노리쇠 뭉치의 분해

테이크 다운 핀(스톡 유닛)를 고정하는 개머리판 뭉치 2개를 떼어낸다.

개머리판 뭉치를 몸통에서 떼어내고 노리쇠를 떼어낸다.

리코일 스프링 유닛을 떼어낸다.

✅ 부품구성 확인

리코일 스프링을 압축한 상태로 헤드를 떼어내서 리코일스프링을 분해한다.

실린더 스프링 스토퍼, 실린더 스프링을 떼어낸다.

노리쇠 앞부분을 떼어낸다.

실린더를 떼어낸다.

실린더 밸브 스톱을 떼어내어 실린더 밸브와 그 스프링을 떼어낸다.

로킹 플러그를 떼어낸다.

⚙ 메인 섀시 분해

오른쪽 조정간을 떼어낸다.

왼쪽 조정간도 떼어낸다.

✅ 역회전 방지핀 사용

트리거 핀을 왼쪽에서 힘을 가해 뽑아내어 방아쇠를 떼어낸다.

왼쪽의 노리쇠 멈치를 떼어낸 후 오른쪽의 노리쇠 멈치를 떼어낸다.

리시버에서 섀시를 떼어낸다.

✅ 부품구성 확인

섀시 오른쪽의 부품구성. 볼트 릴리즈 플런저와 트리거 바 스프링 등 위치관계를 확인해둔다.

섀시 왼쪽의 부품구성. 볼트 스톱(노리쇠 멈치) 바 및 조정간 클릭 핀이 조립되어 있다

⚠️ 스프링 분실 주의

트리거 바, 트리거 바 리턴스프링, 조정간 링크를 떼어낸다.

⚠️ 스프링 분실 주의

볼트 릴리즈 플런저를 떼어낸다.

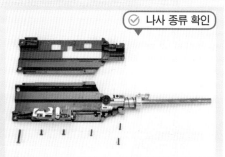

✅ 나사 종류 확인

섀시를 고정하는 나사 여섯개를 풀고 섀시를 좌우로 연다.

⚙️ 인너 배럴 어셈블리의 분해

섀시에서 인너 배럴 어셈블리를 떼어낸다.

챔버 커버를 고정하는 나사를 풀어 챔버 커버를 열고, 인너 배럴, 홉업 챔버, 홉업 다이얼, 홉업 엘리베이션, 홉업 레버를 떼어낸다.

✅ 부품구성확인

조립할 때는 홉업 엘리베이션, 홉업레버의 방향에 주의하여 조립한다.

⚙️ 인너 해머 유닛의 분해

섀시 왼쪽의 접시나사 2개를 풀어낸다.

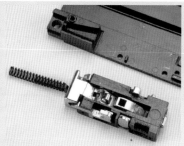

해머 섀시를 떼어낸다.

✅ 부품구성확인

해머 섀시의 부품구성. 소소한 부품과 스프링이 많으므로 조립시 분실 및 혼동에 유의한다.

단발 시어, 시어 스프링, 노커 락을 떼어낸다.

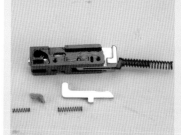

연발 시어 및 그 스프링, 노커 부시 및 그 스프링을 떼어낸다.

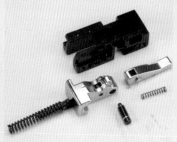

해머와 노커를 떼어낸다.

해머 스트럿 핀을 뽑아 해머 스프링, 해머 스트럿을 떼어낸다.

메인 섀시 왼쪽의 나사를 풀면 노리쇠 멈치 바를 떼어낼 수 있다. 그 스프링을 제거하기 위해 이를 막고 있는 나사를 풀어낸다.

도쿄 마루이

가스 샷건
KSG

👆 분해 · 조립의 포인트

- M870 택티컬과 비교하여 분해 조립 복잡하고 절차도 길어
- 작은 나사 및 스프링이 많으므로 분실 및 혼동에 유의
- 히트 쉴드를 제거할 때 액션록플레이트에 설치된 스프링을 분실하지 않도록 주의
- 이번에 사용한 샘플은 아우터 배럴과 사이트 베이스의 분리는 불가능한 듯
- 실린더는 기밀성 유지측면에서 분해하지 않는 것이 바람직

⚙ 기본 분해 / 인너 섀시의 분해

버트플레이트를 떼어내고 가스탱크를 떼어낸다.

히트쉴드를 떼어낸다.

가늠쇠와 가늠자를 떼어낸다.

인너 섀시에 그립을 고정하는 앞뒤의 프레임핀을 떼어낸다.

인너 섀시와 그립을 분리한다.

스톡 앞쪽을 플라스틱 해머 등으로 가볍게 두들겨 스톡을 인너 섀시로부터 분리한다.

인너 섀시로부터 스톡을 분리한 모습.

칙 피스(뺨받침)를 고정하는 태핑 나사 2개를 풀어낸다. 풀고 조이기를 반복하면 나사산을 망가뜨릴 수 있으므로 주의할 필요가 있다.

⚠ 스프링 분실 주의

인너 섀시에서 칙 피스를 떼어낼 때 왼쪽의 액션 락 플레이트에 걸려있는 스프링이 튀어나가 분실되지 않도록 주의한다.

액션 락 플레이트에 걸려있는 스프링을 염두에 두면서 플라스틱 해머 등으로 칙피스를 가볍게 두들겨 뒤쪽으로 후퇴시킨다.

인너 섀시에서 칙 피스를 분해한 모습.

⚠ 스프링 튀어나감 주의

액션 락 플레이트에 걸린 스프링을 떼어낸다.

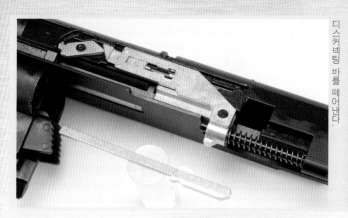

디스커넥팅 바를 떼어낸다.

⚠ 스프링 분실 주의

액션 로드 플레이트 앞의 액션 락 왼쪽에 있는 스프링에 주의한다.

인너 섀시 뒤의 스트라이커 스프링을 누르면서 스프링 가이드를 돌려서 빼낸다.

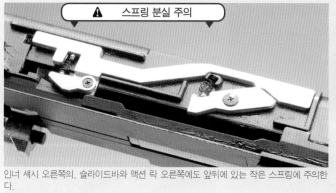

⚠ 스프링 분실 주의

인너 섀시 오른쪽의, 슬라이드바와 액션 락 오른쪽에도 앞뒤에 있는 작은 스프링에 주의한다.

스트라이커 스프링을 누르면서 스프링 가이드를 빼낸다.

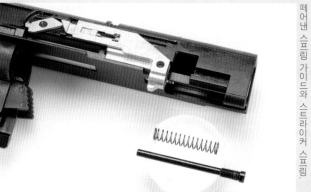

떼어낸 스프링 가이드와 스트라이커 스프링.

액션 락 플레이트를 떼어낸다.

액션 락 플레이트 가이드를 떼어낸다.

⚠ 스프링 분실 주의

좌측 액션 락과 그 스프링을 떼어낸다.

⚠ 스프링 분실 주의

우측 액션 락과 그 스프링을 떼어낸다.

⚠ 스프링 분실 주의

슬라이드 바 가이드와 그 스프링을 떼어낸다.

⚠ 스프링 튀어나감 주의

슬라이드 바에서 스프링을 빼낸다.

슬라이드 바를 떼어낸다.

⚙ 그립의 분해

트리거 가드(방아쇠울) 앞쪽의 액션 락 버튼 세트를 떼어낸다.

✅ 나사 종류 확인

좌우 그립을 고정하고 있는 볼트와 너트 8세트를 풀어낸다.

그립을 좌우로 나눈다.

시어스프링은 시어 뒷쪽의 슬릿(홈)에 걸치게 된다.

안쪽을 보면 시어 스프링의 다른 한쪽이 프레임핀 구멍 윗쪽에 걸쳐있다.

그립에서 시어 및 시어 스프링을 떼어낸다.

크로스 볼트식 세이프티(안전장치)가 일정 이상 움직이지 않도록 세이프티 스냅이 잡아주고 있다.

세이프티 스냅을 아래로 내리면서 세이프티를 빼낸다.

세이프티는 오른쪽에 FIRE의 F를 붉은색, 왼쪽에 SAFE의 S를 흰색으로 표시하고 있다.

좌측 그립에서 트리거, 트리거 바, 트리거 스프링, 세이프티 스냅을 떼어낸다.

트리거 바를 트리거에 고정하는 나사를 풀어 트리거 바를 떼어낸다.

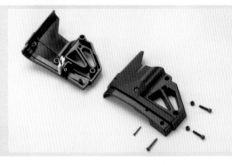

좌우 스톡을 고정하고 있는 4개의 나사를 풀어내어 스톡을 분해한다.

왼쪽 스톡에서 스톡 락과 그 스프링을 떼어낸다.

⚙ 배럴의 분해

피카티니 레일을 떼어낸다.

머즐 플레이트 앞 아래에 있는 육각 볼트를 풀어 펌프 버퍼를 떼어낸다.

M4 카빈용 배럴 렌치 등을 사용하여 배럴링을 떼어낸다.

✅ 전용공구 필요

일반적인 일자 드라이버는 부품을 상하게 하거나 긁기 쉬우므로 폭이 넓은 일자 드라이버 등을 사용하여 좌우의 매거진 볼트를 떼어낸다.

머즐 플레이트를 떼어낸다.

앞의 배럴 링과 같은 형태의 배럴 링을 떼어낸다. 조립할 때에는 머즐 플레이트를 매거진 볼트로 고정한 후 배럴 링을 앞뒤에서 조여 고정한다.

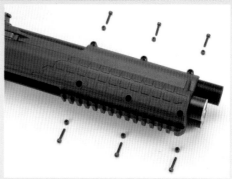

포어엔드를 좌우에서 고정하는 육각볼트와 너트 6개를 풀어낸다.

포어엔드 스테이 및 포어엔드를 잇는 나사 4개를 풀어낸다.

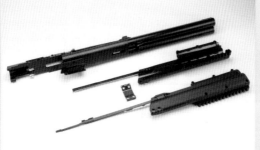

배럴 어셈블리에서 좌우 포어엔드 및 포어엔드 스테이를 떼어낸다.

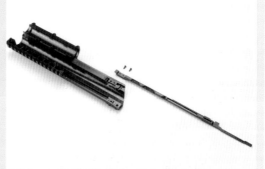

포어엔드 오른쪽과 연결된 액션 바를 떼어낸다.

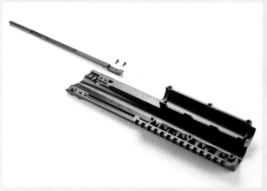

포어엔드 왼쪽도 마찬가지로 액션 바를 분리한다.

매거진 튜브와 인너 섀시를 고정하는 접시나사 2개를 풀어낸다.

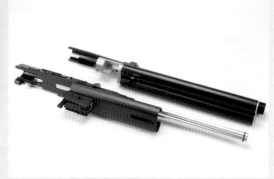

인너 섀시와 배럴 어셈블리를 분리한다.

아우터 배럴 새들 안쪽의 나사를 풀어낸다.

사이트 베이스가 부착된 아우터 배럴을 떼어낸다.

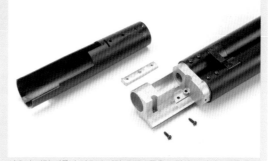

아우터 배럴 새들과 아우터 배럴 후방부품을 고정하는 나사 2개를 풀어 아우터 배럴 후방부품을 떼어낸다. 이 안에는 베이스 부품이 들어있다.

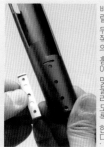

조립시 베이스 앞쪽 돌기와 아우터 배럴 뒤쪽의 홈이 맞물리도록 한다.

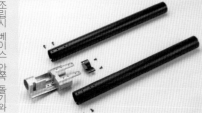

아우터 배럴 새들과 좌우 매거진 튜브, 그립캐치 세트를 떼어낸다.

조립시 그립 캐치 세트 좌우의 돌기를 매거진 튜브 맨 앞쪽 구멍에 맞춘 후 나사로 고정한다.

사이트 베이스에서 사이트 베이스 부품과 그 스프링 2개를 떼어낸다. 사이트 베이스 앞쪽의 배럴 링을 사이트 베이스 스프링이 견고히 고정되어 있어 수 없으므로 무리하게 분해는 하지 않았다.

⚠ 스프링 튀어나감 주의

왼쪽 매거진(탄창) 릴리즈 레버 안쪽에 있는 매거진 릴리즈 레버 스프링을 미리 빼내둔다

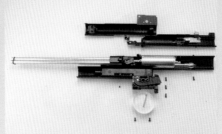

인너 섀시 좌우를 고정하고 있는 크고작은 나사 7개를 풀어 인너 섀시를 분해한다

왼쪽 매거진 릴리즈 레버를 떼어낸다.

오른쪽 인너 섀시에 세퍼레이트 어셈블리를 고정하고 있는 접시 나사 2개를 풀어 인너 섀시 오른쪽에서 세퍼레이트 어셈블리를 떼어낸다.

⚠ 스프링 튀어나감 주의

오른쪽 매거진 릴리즈 레버와 그 스프링을 떼어낸다.

장전된 매거진을 밀어내는 팔로워와 가스 프링을 오른쪽 장전 세퍼레이터에서 떼어낸다.

세퍼레이터 가운데의 은색 블록을 떼어낸다.

⚠ 스프링 분실주의

실총에서 매거진 전환레버에 해당하는 더미부품과 그 스프링, 플런저를 떼어낸다.

왼쪽 인너 섀시 뒷쪽의 스트라이커를 윗쪽으로 비틀듯 떼어낸다.

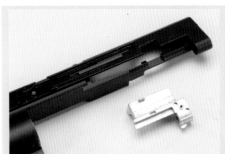

왼쪽 인너 섀시에서 떼어낸 스트라이커.

왼쪽 인너 섀시 앞쪽의 매거진 팔로워를 떼어낸다.

왼쪽 인너 섀시에서 장탄수 전환 레버를 떼어낸다.

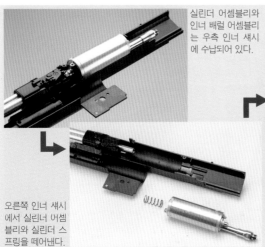

실린더 어셈블리와 인너 배럴 어셈블리는 우측 인너 섀시에 수납되어 있다.

오른쪽 인너 섀시에서 실린더 어셈블리와 실린더 스프링을 떼어낸다.

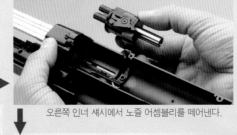

오른쪽 인너 섀시에서 노즐 어셈블리를 떼어낸다.

오른쪽 인너 섀시에서 인너 배럴 어셈블리를 떼어낸다.

인너 배럴 아랫쪽에 캐리어 어셈블리가 있고, 챔버 뒷쪽에는 BB탄 로딩 게이트와 스토퍼가 있다.

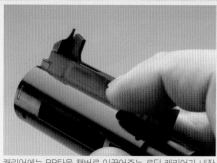

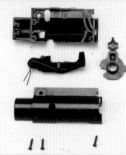

캐리어에는 BB탄을 챔버로 이끌어주는 로딩 캐리어가 내장되어 있다. 사진은 BB탄을 챔버에 올려주는 상태.

로딩 캐리어가 내려가며 매거진(탄창)에서 캐리어 안쪽으로 BB탄이 흘러들어간다. 로딩 캐리어는 오른쪽 액션 바와 연동된다.

캐리어를 분할하여 로딩 캐리어와 BB스토퍼, 가이드를 떼어낸 상태. 캐리어 내부에서 BB탄이 흘러가는 루트가 설치되어 있음을 알 수 있다.

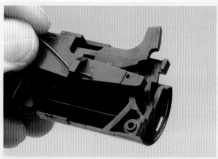

로딩 캐리어(사진 안쪽)과 스토퍼의 위치관계. 로딩 캐리어가 올라가면 스토퍼도 올라가며 매거진에서 흘러들어오는 BB탄을 막아준다.

✅ 부품구성확인

챔버 뒷쪽의 로딩 게이트와 BB스토퍼의 부품구성을 파악해 둔다.

로딩 게이트를 고정하는 나사를 풀어내어 좌우의 로딩 게이트와 BB스토퍼 및 그 스프링을 떼어낸다.

인너 배럴에서 배럴 베이스를 앞쪽으로 밀어낸다.

챔버를 뒷쪽으로 당겨 제거한 후 더블 홉업챔버 3개를 떼어낸다.

✅ 부품구성확인

인너 배럴 3개 가운데 위의 것은 12시 방향이 아닌 약간 왼쪽으로 치우쳐 고정되어 있다.

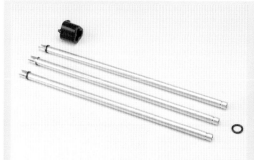

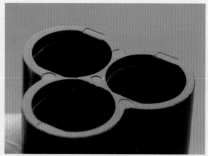

인너 배럴 3개를 묶고 있는 O링을 떼어내어 배럴 베이스에서 인너 배럴을 떼어낸다

챔버 안쪽은 인너 배럴 밑둥쪽의 평평한 부분이 들어맞도록 재단되어 있으므로 위치가 확실히 유지된다.

더블 홉업챔버 안쪽에는 홉업돌기가 2개 설치되어 있다.

⚠️ 스프링 분실주의

노즐 유닛 왼쪽의 장탄수 전환 플레이트 및 그 스프링을 떼어낸다.

✅ 부품구성 확인

노즐 뒷쪽의 밸브마개를 떼어내고 노즐에서 밸브 및 그 스프링을 떼어낸다.

조립시 밸브마개 앞뒤 부품 사이에 끼워져 가스가 새지 않게 하는 O링을 잊지 않도록 한다.

M870 택티컬

분해 · 조립의 포인트 👆

- 구조가 복잡하니 분해 및 조립은 순서에 따라 차근차근
- 메카박스 어셈블리에서 리시버를 떼어낼 때 스프링 등의 분실에 주의
- 매거진 링크와 매거진 링크 스토퍼는 분해조립이 어렵다
- 가스 누출을 막기 위해 가스챔버는 분해하지 않는다
- 가늠쇠의 분해조립에는 전용 공구가 필요

⚙ 리시버 / 메카박스의 분해

스톡 유닛을 몸통에서 떼어내고 볼트 어셈블리를 떼어낸다.

✅ **역회전 방지핀 사용**

방아쇠뭉치를 고정하는 방아쇠 고정못 2개를 왼쪽에서 밀어내어 빼낸다.

포어엔드를 약간 당기면서 방아쇠뭉치를 리시버에서 떼어낸다.

⚠ **스프링 분실주의**

리시버를 뒤로 당기며 메카박스 어셈블리로부터 떼어낸다. 이때 더미 볼트 및 스프링, 스톡 바 스테이 및 스프링, 록 스토퍼가 풀리므로 스프링의 분실에 주의한다.

더미볼트 및 스프링을 떼어낸다.

스토퍼 스테이 및 스프링, 락 스토퍼를 떼어낸다.

메카박스 오른쪽의 액션바 로드와 스프링을 떼어낸다.

✅ **전용공구 필요**

가늠쇠는 전용 분해공구(사진은 프리덤아트사제)를 사용하여 떼어낸다.

매거진 캡을 떼어낸다.

⚠ **분해조립 주의**

매거진 링과 매거진 링 스토퍼를 떼어내고, 배럴을 약간 들어올리면서 매거진 링을 매거진 튜브에서 떼어낸다. 매거진 링은 떼어내기 어려우므로 신중히 작업한다.

포어엔드 어셈블리를 떼어낸다.

장탄수 전환 레버와 전환 캠을 떼어낸다.

캐리어 앞쪽의 나사를 풀어 캐리어와 그 스프링을 떼어낸다.

✅ **나사 종류 확인**

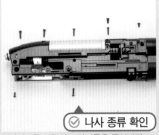

메카박스를 고정하는 나사들을 풀어낸다

매거진 튜브, 매거진 팔로워를 떼어낸다.

아우터 배럴 새들을 고정하는 나사를 풀어 메카박스에서 아우터 배럴/아우터 배럴 새들을 떼어낸다.

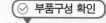

⚠ 분해조립 주의

아우터 배럴에서 아우터 배럴 새들과 베이스를 떼어낸다. 조립시 베이스를 손가락 등으로 눌러주어야 고정이 된다.

✓ 부품구성 확인

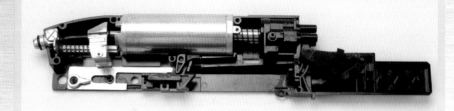

인너 배럴 어셈블리를 좌우에서 고정하고 있는 접시나사를 풀어 인너 배럴 어셈블리를 떼어낸다

메카박스 안의 부품구성. 황동제 가스챔버는 기어박스에 고정되어 있고 그 앞뒤의 노즐 유닛과 스트라이커가 가동한다. 비교적 심플한 부품구성.

메카박스 앞쪽의 나사를 풀어 메카박스를 열어준다.

스트라이커를 떼어낸다.

가스챔버를 떼어낸다.

캐리어 캐치 및 스프링을 떼어낸다.

노즐유닛을 떼어낸다.

⚠ 스프링 분실주의

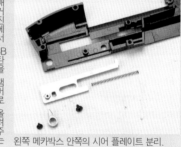

매거진에서 BB탄을 챔버로 올려주는 로딩 캐리어를 떼어낸다

왼쪽 메카박스 안쪽의 시어 플레이트 분리.

⚙ 배럴의 분해

로딩 게이트 및 BB스토퍼를 떼어낸다.

배럴 베이스를 앞쪽으로 당겨 챔버에서 인너 배럴과 더블 홉업챔버 3개를 떼어낸다.

⚙ 노즐 유닛의 분해

✓ 부품구성 확인

노즐유닛 뒷쪽의 밸브 마개를 떼어내고 노즐에서 밸브 및 스프링을 떼어낸다

⚙ 트리거(방아쇠)의 분해

시어 핀을 뽑아 시어 및 스프링을 떼어낸다.

트리거 핀을 뽑아내어 트리거, 트리거 스프링을 떼어낸다.

세이프티(안전장치) 고정나사를 풀어 세이프티와 세이프티 클릭을 떼어낸다.

매거진 릴리즈 레버를 떼어낸다.

SOCOM
Mk.23

분해 · 조립의 포인트

- ●마루이의 얼마 남지 않은 슬라이드 고정식 넌블로우백 가스건
- ●블로우백이 되지 않으나 부품은 많은 편
- ●분해 조립은 순서를 지키면 비교적 쉬운 편
- ●분해시 인너 섀시 내부의 부품구성을 확인하도록 한다
- ●작은 부품 및 스프링이 많으므로 분실 및 혼동에 유의할 것

슬라이드의 분해

슬라이드를 약간 후퇴시킨 후 슬라이드 멈치의 돌기와 슬라이드의 홈을 맞춘 후 슬라이드멈치를 떼어낸다.

슬라이드를 약간 앞으로 밀어 프레임 레일의 홈에 맞춰 슬라이드 뒷쪽을 들어올린 후 앞쪽으로 떼어낸다.

배럴 어셈블리를 앞으로 밀어내고 슬라이드의 홈과 챔버 케이스의 돌기를 맞추어 비스듬히 아래쪽으로 밀어 떼어낸다.

배럴의 분해

⚠ 스프링 분실주의

챔버 커버를 좌우로 벌려 챔버 케이스에서 떼어낸다. 챔버 커버 뒤쪽에는 스프링이 있으므로 분실하지 않도록 주의한다.

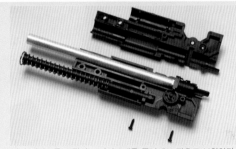

아우터 배럴을 고정하는 나사 2개를 풀어내고 아우터 배럴을 앞쪽으로 밀어내어 분해한다.

챔버 케이스를 고정하는 나사 2개를 풀어내고 좌우로 분할한다.

챔버 케이스에서 리코일 스프링 가이드와 리코일 스프링을 떼어낸다.

홉업 다이얼, 홉업 레버를 떼어낸다.

챔버 케이스에서 인너 배럴, 홉업 챔버를 떼어낸다. 인너 배럴은 알루미늄제.

노즐의 분해

노즐 홀더의 앞뒤를 쥐기 슬라이드 아래쪽으로 빼낸다.

노즐 스프링과 노즐 및 노즐 캐리어를 떼어내고, 홀더를 좌우로 약간 벌리며 꺼낸다. 노즐이 설치된 노즐 캐리어를 떼어낸다.

⚠ 스프링 튀어나감 주의

노즐 캐리어를 약간 벌리며 노즐과 노즐 스프링을 떼어낸다.

⚙ 프레임의 분해

✅ 부품구성 확인

인너 섀시 앞쪽의 나사를 풀고 인너 섀시 앞쪽을 들어올려 프레임에서 떼어낸다.

인너 섀시 좌우의 스윙암을 떼어낸다. 가운데 둥그런 홈이 있는 쪽을 좌측으로 두고 장착한다.

인너 섀시 좌측의 슬라이드 멈치 클릭을 스프링과 함께 떼어낸다.

⚠ 스프링 분실주의

✅ 부품구성 확인

인너 섀시 우측의 나사 두 개를 풀어 내어 우로 분해한다. 프레임 가운데 가늘어지는 부분에 스프링 핀이 있으므로 일자(↑)드라이버등을 사용하여 열어준다. 또한 우측 부품 내부의 뒤쪽에 세이프티 클릭이 있으므로 분실하지 않도록 주의한다.

우측 트리거 바 뒤쪽의 나사를 풀어 트리거와 트리거 리턴 스프링, 우측 트리거 바를 떼어낸다.

해머, 시어 및 스프링, 노커 및 스프링을 떼어낸다.

해머 스프링을 떼어내고, 노커 베이스의 나사를 풀어 좌측으로부터 노커 베이스를 떼어낸다.

트리거 바 좌측을 떼어낸다.

썸 세이프티(안전장치 레버)는 우측의 작은 스프링 핀을 뽑아내어 분해한다.

⚙ 매거진(탄창)의 분해

전용 뱁브렌치를 사용하여 밸브를 떼어낸다.

매거진 윗쪽의 핀을 뽑으면 매거진 개스킷, BB립, 매거진 팔로워 및 스프링을 떼어낼 수 있다.

소콤 Mk23의 모든 부품을 펼친 모습. 슬라이드 고정식 가스건은 보통 부품 숫자가 적지만 이 총은 부품이 많은 편에 속한다. 분해조립 자체는 어렵지 않으나 작은 나사나 스프링이 많으므로 분실하지 않도록 주의한다.

콜트 파이슨

분해·조립의 포인트 👆

- 각 실린더당 4발씩 모두 24발의 BB탄이 장전되는 구조
- 가스탱크 및 발사 메커니즘은 그립 안에 탑재
- 실총과 다른 트리거(방아쇠) 및 해머 메커니즘 사용
- 트리거 주변의 스프링 분실에 주의
- 배럴 길이가 다른 제품군의 분해조립방법은 동일

좌우 그립 나사를 풀어 그립패널을 떼어낸다.

프레임 우측의 실린더 고정나사를 풀어 실린더를 떼어낸다.

사이드 플레이트를 고정하는 나사 3개를 풀어 분리하고, 분리된 사이드 플레이트에서 래치와 래치 스프링을 떼어낸다.

고무 그립용 웨이트 A 및 B를 떼어낸다 (주 : 우드 그립 버전에는 이 부품이 없다).

가스탱크를 고정하는 나사를 풀어 프레임에서 가스탱크 및 해머 리턴 스프링을 떼어낸다.

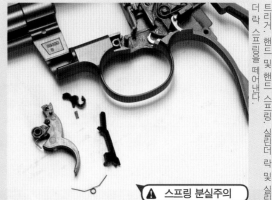

트리거, 핸드 및 핸드 스프링, 실린더 락 및 실린더 락 스프링을 떼어낸다.

⚠ **스프링 분실주의**

✅ **부품구성 확인**

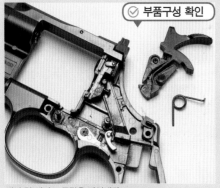

해머 및 해머 스프링을 떼어낸다.

가스탱크 뒷쪽의 밸브 마개를 풀어내어 밸브 및 밸브 스프링을 떼어낸다.

총구 부품을 고정하는 나사를 풀어 떼어내고, 인너 배럴 유닛, 웨이트 파이프, 배럴 웨이트를 떼어낸다.

스토퍼 링을 떼어내어 실린더 스토퍼를 앞쪽으로 밀어내고, 홉업 패킹을 인너 배럴에서 떼어낸다.

익스트랙터 로드를 (잡고 실린더를 나사 반대방향으로 돌려) 풀어내어 실린더와 요크를 분해한다.

실린더 안쪽의 황동제 스토퍼를 떼어내어 실린더 중심부품을 떼어내면 실린더와 BB탄 홀더가 분해된다.

도쿄 마루이

VSR-10

분해·조립의 포인트

- 가이드 레버 뒤쪽의 클릭 및 스프링을 잃어버리지 않도록 유의
- 조립할 때 시어 스프링의 결합을 잊지 않도록 할 것
- 조립할 때 시어를 드라이버 등으로 누른 상태로 실린더를 리시버에 넣도록 한다
- 조립할 때 실린더 서포트 링의 결합을 잊지 않도록 할 것
- 조립할 때 아우터 배럴을 끝까지 밀어넣지 말고 나사 구멍과 맞출 것

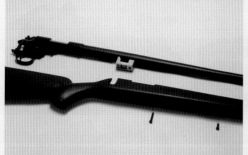

스톡의 포어엔드 부분의 육각나사 2개를 풀어내어 스톡과 리시버 및 배럴을 풀어낸다.

⚠ 부품 잊지 않게 주의

리시버와 배럴이 결합되는 부분 아랫면의 나사를 풀어내어 배럴 어셈블리를 왼쪽방향으로 돌려 리시버에서 떼어낸다. 리시버에 실린더 서포트 링크가 결합된 상태이므로 조립시에 잊지 않도록 한다.

아우터 배럴 아래쪽의 아연 다이캐스트 블록을 떼어낸다.

L자형 홉업 조절용 인디케이터를 떼어낸다.

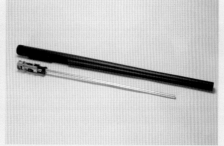

아우터 배럴에서 인너 배럴 유닛을 떼어낸다. 아우터 배럴 안쪽의 유격을 잡기 위한 부속은 굳이 분해할 필요는 없다.

챔버 오른편의 가이드 레버를 떼어낸다.

⚠ 스프링 분실주의

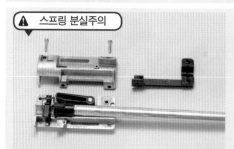

챔버의 나사 2개를 풀고 챔버를 좌우로 연다. 가이드 레버 뒷편에는 클릭과 클릭 스프링이 결합되어 있으므로 잃어버리지 않도록 주의한다.

✓ 부품구성 확인

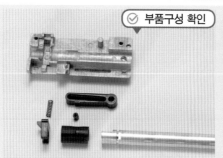

챔버에서 인너 배럴, 고무 챔버, 홉업 쿠션, 홉업 레버, BB스토퍼 및 BB스토퍼 스프링을 떼어낸다.

트리거 유닛 가운데에 있는 실린더 스톱을 내려 리시버에서 노리쇠뭉치를 떼어낸다. 조립할 때는 이젝션 포트(탄피배출구)를 통해 드라이버 등으로 시어를 누른 채 노리쇠를 리시버에 넣는다.

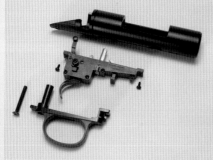

방아쇠 울을 떼어내고 앞뒤 2개의 나사를 풀어 방아틀 뭉치를 떼어낸다.

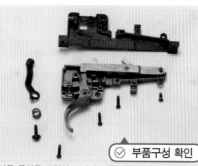

✓ 부품구성 확인

방아틀 뭉치를 고정하는 나사 4개를 풀어 세이프티(안전장치) 레버를 떼어낸 후 방아틀 뭉치를 열어준다.

⚠ 스프링 분실주의

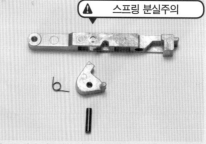

퍼스트 시어 가운데의 핀을 뽑아 세컨드 시어를 떼어낸다. 세컨드 시어 오른편에 시어 스프링이 결합되어 있는데, 조립할 때는 세컨드 시어의 방향 및 시어 스프링의 결합을 잊지 않도록 한다.

M40A5

분해·조립의 포인트 ☝

- VSR-10, L96AWS보다 치밀해진 부품구성
- 순서를 지키면 분해조립은 그다지 어렵지 않다
- 분해할 때 인너 배럴을 챔버 뒤쪽으로 밀어내어 빼낸다
- 흡업레버와 엘리베이션 로드를 결합하는 흡업레버 샤프트를 고정하는 작은 E링을 분실하기 쉬우니 주의한다
- 조립할 때 흡업암 로어의 앞뒤방향을 주의한다

⚙ 트리거유닛의 분해

마운트를 고정하고 있는 나사 6개를 풀어 마운트를 떼어낸다.

방아쇠울 앞뒤의 육각볼트를 풀어낸다. 앞쪽은 짧은 것, 뒤쪽은 긴 것이므로 조립시에 주의한다.

스토크에서 리시버를 떼어낸다.

스토크에서 방아쇠울 뭉치를 떼어낸다.

실린더를 고정하는 실린더 릴리즈 레버를 아래쪽으로 내리면 실린더를 뽑아낼 수 있다. 조립은 VSR-10과 마찬가지로 시어를 누른 상태로 결합하도록 한다.

방아쇠뭉치를 고정하는 나사 2개를 풀어 리시버와 방아쇠뭉치를 분리한다.

트리거유닛 좌우부품을 고정하는 나사 4개와 세이프티 레버를 떼어낸다.

⚠ 스프링 분실주의

트리거 섀시 오른편에는 세이프티 레버와 접촉하는 부분에 세이프티 클릭 핀이 있으므로 분실하지 않도록 주의한다.

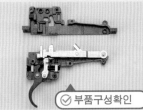

✓ 부품구성확인

트리거 섀시를 연다. 이 시점에서 내부 부품의 구성을 확인해 둔다.

퍼스트 및 세컨드 시어, 퍼스트 시어 스프링, 코킹피스 락 및 스프링을 떼어낸다.

트리거 및 트리거 토션스프링, 방아쇠 고정 못을 떼어낸다.

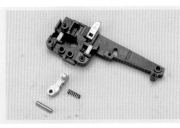

액츄에이터 및 스프링과 핀을 떼어낸다.

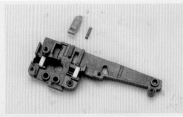

트리거 스톱 및 그 스프링을 떼어낸다.

퍼스트 시어와 스프링에서 세컨드 시어와 스프링을 떼어낸다.

⚙ 배럴의 분해

엘리베이션 로드와 흡업레버 샤프트를 결합하는 흡업레버 샤프트를 떼어낸다. E링을 분실하지 않도록 주의한다. 샤프트를 고정하는 작은 E링을 분실하지 않도록 주의한다.

⚠ E링 분실주의

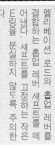

흡업다이얼 어셈블리, 흡업 엘리베이션 스프링을 떼어낸다.

하부몸통을 떼어낸다.

✓ 부품구성확인

엘리베이션 로드를 떼어낸다. 흡업 링크암 로어 뒷편의 U자형 홈에 맞도록 되어 있다.

총열멈치(배럴 콜릿)를 떼어낸다.

역회전 방지핀 사용
BB로드를 하부리시버에 고정하는 역회전 방지핀 2개를 왼쪽에서 눌러 빼낸다.

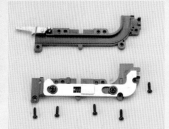

좌우의 BB로드를 잇는 나사 5개를 풀어내어 BB로드를 분해한다.

⚠ 스프링 튀어나감 주의
정밀 드라이버등을 사용하여 스토퍼 플레이트 스프링을 빼낸다.

BB로드와 스토퍼 플레이트를 분리한다.

리시버에 맞물린 배럴 어셈블리를 나사를 풀듯 풀어낸다.

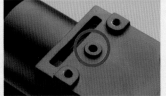

리시버에 배럴 어셈블리를 조립할 때는 리시버 바닥면 앞쪽의 구멍과 배럴의 구멍이 일치할 때까지만 조여준다.

리시버 커버를 떼어내고 리시버 링 2개를 떼어낸다.

챔버 칼라를 떼어낸다.

아우터 배럴에서 인너 배럴 유닛을 떼어낸다. 유격방지를 위한 O링이 3군데나 있으므로 아우터 배럴을 살짝 두들기거나 해야 뗄 수 있다.

⚠ 스프링 분실주의
챔버 뒷쪽의 BB스토퍼를 분해하여 BB스토퍼와 스프링을 떼어낸다. 스프링을 분실하지 않도록 주의한다.

챔버 앞쪽의 배럴 스토퍼 칼라를 반시계방향으로 약간 돌린 후 빼낸다. 조립시에는 안쪽의 돌기와 챔버의 홈을 맞물리게 하여 결합시킨 후 시계방향으로 약간 돌려 고정한다.

✓ 부품구성 확인

위아래의 홉업 링크암을 고정하는 나사 2개를 풀어 홉업링크암을 떼어내고 홉업 엘리베이션을 떼어낸다

배럴 스토퍼를 떼어낸다.

인너 배럴 앞쪽 끝의 O링을 떼어내고, 인너 배럴을 뒷쪽으로 밀어내어 빼내면 홉업 챔버 패킹과 함께 분리된다.

머즐브레이크를 떼어낸다.

머즐브레이크 어댑터를 풀어 익스텐션 파이프와 함께 아우터 배럴로부터 꺼낸다.

홉업 다이얼 베이스에서 홉업 엘리베이션 베이스를 떼어낸다.

조립시 각 부품의 돌기와 홈을 맞추도록 한다.

홉업 다이얼 베이스에서 홉업다이얼 A 및 B를 떼어낸다.

조립시 각 부품의 돌기와 홈을 맞추도록 한다.

⚠ E 링 분실주의
홉업 리시버 샤프트를 때내면 홉업 엘리베이션 베이스에서 홉업레버가 분리된다. 샤프트를 고정하는 작은 E링을 분실하지 않도록 주의한다.

스미스&웨슨
M627
퍼포먼스 센터 5인치
8연발 헤비웨이트 Ver.2 가스건

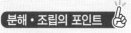

분해·조립의 포인트

- 사격성능과 리얼리티가 향상된 버전2
- 가변흡업은 고정식으로 변경
- 기본적 분해 조립방법은 같다
- 조립시 고무챔버 방향에 주의한다
- 인너 배럴은 전용의 짧은 것으로 변경되었다

⚙ 실린더의 분해

우선 프레임 오른편의 실린더 고정 나사를 풀어낸다.

실린더를 스윙아웃 시킨 후 프레임 오른편의 돌기와 실린더의 플루트 부분을 정렬시킨다.

실린더를 앞쪽으로 빼내면 프레임에서 분리된다.

✓ 부품 방향 확인

⚠ 스프링 튀어나감 주의

실린더 뒷쪽의 래치 부분을 고정하고 있는 작은 나사 3개를 풀어낸다. 나사는 Y자 모양으로 배치되어 있으니 조립시에는 래치를 원래 방향에 맞도록 주의한다.

실린더에서 래치를 떼어낸다. 이때 로킹스 프링이 튀어나갈 수 있으니 주의한다.

로킹 스프링을 떼어낸다.

래치에서 로킹 플런저를 떼어낸다.

가스챔버 스크류와 물려있는 이젝터 로드를 떼어낸다.

이젝터 로드를 떼어내면 요크가 분리된다.

부품 방향 확인

또한 가스 방출구가 요크와 일직선상에 놓이도록 한다.

요크를 조립할 때는 가스챔버 스크류의 홈과 맞추도록 한다.

실린더에서 가스챔버를 떼어낸다.

부품 방향 확인

실린더 앞면에는 안쪽에서 고무챔버가 끼워져있다.

고무챔버 8개는 바깥에서 눌러서 빼면 된다.

고무챔버는 홈이 있는 쪽이 앞쪽(총구방향)이다.

⚙ 인너 배럴의 교환

우선 엘리베이션 너트를 풀고 리어사이트(가늠자) 스크류(나사)를 풀어준다.

리어사이트를 뒤로 빼내어 분해한다. 엘리베이션 스터드는 엘리베이션 너트에서 분해할 필요는 없다.

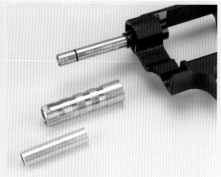

배럴 슈라우드 타입C 아랫쪽의 인너 배럴 나사 C를 푼다.

배럴 슈라우드 타입C를 떼어낸다. 인너 배럴은 약간 빡빡하게 고정되어 있으므로 신중하게 작업한다.

서브 배럴 A를 떼어내고, 배럴 슬리브를 시계 반대방향으로 돌려 배럴 하우징에서 풀어낸다.

O링을 앞쪽으로 밀어내어 배럴 스토퍼를 떼어낸다.

배럴 하우징 칼라에 끼워진 O링 스페이서 및 O링을 떼어낸다.

배럴 하우징 칼라를 떼어낸다.

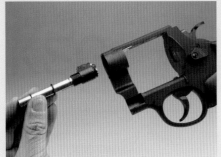

프레임에서 인너 배럴을 떼어낸다.

배럴 하우징을 앞쪽으로 밀어내어 홉업 패킹을 떼어낸다.

배럴 하우징에서 인너 배럴을 뽑아낸다.

⚙ 프레임의 분해

그립 아랫면의 그립 나사를 풀어낸다.

프레임에서 그립을 떼어낸다.

사이드플레이트를 고정하는 나사를 풀어 떼어낸다.

그립 어태치(검은 ㄷ자 모양의 부품) 및 그립 나사용 너트를 떼어낸다. 그립 어태치는 비틀며 빼면 편하다.

프레임 앞쪽의 해머스프링을 고정하는 스트레인 스크류(나사)를 느슨하게 한다.

해머스프링을 떼어낸다.

☑ 부품 구성 확인

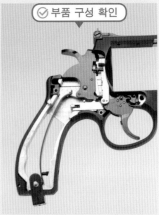

이른바 'S&W액션', 즉 트리거 해머 메커니즘. 해머, 트리거, 리바운드슬라이드, 핸드, 실린더스톱 등 주요 부품 6개로 구성되어 있다.

해머 어셈블리를 떼어낸다.

핸드를 뒤로 당기며 방아쇠뭉치를 떼어낸다.

리바운드슬라이드 및 스프링을 떼어낸다.

다나카

SIG P220 IC P75

분해 · 조립의 포인트 👆

- 금속제 인테그레이티드(통합) 섀시와 신형 홉업시스템을 채용한 리뉴얼 모델
- 자위대 버전과 각인과 디테일 외의 부품 구성은 공통
- 섀시를 고정하는 나사에 감춰진 U자형 부품을 떼어내지 않으면 섀시 분리가 안됨
- 작은 나사나 스프링이 많으니 잃어버리지 않게 주의
- 조립시 트리거 바 탈락 방지용 스프링의 방향에 주의할 것

⚙ 기본분해 / 배럴의 분해

슬라이드를 홀드오픈(후퇴고정) 상태에 두고 분해레버를 90도 아래로 돌린다.

이 상태에서 슬라이드를 전진시키면 프레임에서 분리된다.

슬라이드에서 배럴 어셈블리, 리코일 스프링 및 가이드를 떼어낸다.

아우터 배럴에서 인너 배럴을 떼어낸다.

챔버 오른편의 접시나사 2개와 작은 나사 1개를 풀어낸다.

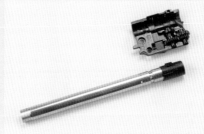

챔버를 열어준다. 단단히 맞물려 있으므로 틈새에 드라이버 등을 밀어넣어 천천히 작업한다.

챔버 오른편에서 인너 배럴 및 고무 챔버를 떼어낸다.

인너 배럴에서 고무 챔버를 떼어낸다.

챔버 커버 오른편 부품에 맞물린 홉업다이얼, 기어, 암을 떼어낸다.

⚠ 스프링 분실주의

챔버 원편 부품에는 클릭핀 및 스프링이 장치되어 있으므로 분실에 주의한다

✓ 부품구성 확인

새로 도입된 홉업시스템. 공구를 사용하지 않고도 조절할 수 있으며 명중 정밀도가 비약적으로 향상되었다.

⚙ 슬라이드의 분해

슬라이드를 약간 좌우로 벌려 슬라이드 홈에 물린 브리치를 풀어준다.

결합이 풀린 브리치를 앞으로 밀어준다.

슬라이드에서 분리된 브리치. 나사 등이 사용되지 않고 그 저 물려있을 뿐이다.

브리치 상면에 물려있는 노즐가이드를 떼어낸다.

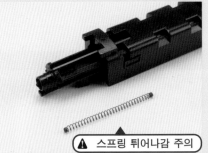
⚠ 스프링 튀어나감 주의
로딩노즐 유닛에서 노즐스프링을 떼어낸다.

☑ 부품 방향 확인

브리치 좌우에 끼워진 노즐 스토퍼를 떼어낸다.

로딩노즐 유닛을 브리치에서 떼어낸다.

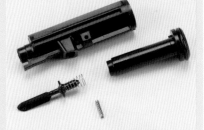
플로팅 밸브 가이드핀을 빼내어 플로팅 밸브 가이드를 떼어내고 플로팅 밸브 및 리턴 스프링을 떼어낸다.

⚙ 프레임의 분해

좌우 그립패널과 랜야드 링을 떼어낸다.

프레임 오른편의 트리거 리턴 스프링을 떼어낸다.

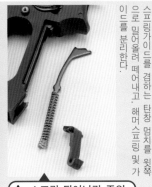
⚠ 스프링 튀어나감 주의
스프링가이드를 겸하는 탄창 멈치를 윗쪽으로 밀어올려 떼어내고, 해머 스프링 및 가이드를 분리한다.

철판 프레스제 매거진 캐치 베이스를 떼어낸다.

디코킹 레버 및 그 스프링을 떼어낸다.

디코킹 레버 가이드는 바깥쪽에서 안쪽으로 눌러 떼어낸다.

분해 레버를 떼어낸다.

해머핀을 빼낸다.

방아쇠 고정못은 섀시 안쪽의 스프링이 홈에 걸려 빠지지 않도록 되어 있다. 분해할 때는 스프링 앞쪽을 들어 올려 홈에서 빼낸 상태로 핀을 빼낸다. 조립할 때는 화살표로 표시된 홈이 우측으로 오도록 한다.

U자형 부품을 떼어내고, 그 밑에 숨어있는 섀시 고정나사를 풀어 준다.

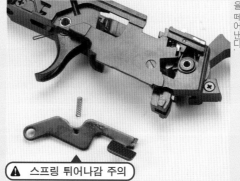

C 시리즈로부터 새로 도입된 인테그레이티드 (통합) 섀시를 프레임에서 떼어낸다.

⚠ 스프링 튀어나감 주의

섀시 왼쪽편에서 슬라이드 멈치 및 그 스프링을 떼어낸다.

✓ 스프링 방향 확인

섀시 우측의 나사를 풀어 방아쇠 고정못을 풀림 방지 스프링0을 떼어낸다.

트리거와 그 스프링, 트리거 슬리브 및 트리거 바를 떼어낸다.

✓ 부품 방향 확인

트리거 슬리브는 조립할 때 부품의 모양과 방향을 잘 보고 끼워야 한다.

섀시 왼쪽편의 테이크다운핀 풀림방지 스프링을 떼어낸다

섀시 왼쪽편 해머 부근의 리바운드 스프링을 떼어낸다.

좌우 섀시를 고정하는 접시나사를 풀어 섀시를 분할한다.

섀시 왼쪽편 안쪽의 밸브 락 및 그 스프링을 떼어낸다.

노커를 떼어낸다. 노커 리턴스 프링은 나사로 고정되어 있으므로 떼어내지 않아도 분해조립에는 지장이 없다.

노커와 노커스프링은 그림과 같이 세팅된다.

해머 및 해머 슬리브를 떼어낸다.

시어 및 시어 스프링, 시어 스프링 플런저를 떼어낸다.

섀시 오른쪽편의 디스커넥터 스프링0을 떼어낸다

디스커넥터 및 디스커넥터 가이드를 떼어낸다

M700폴리스AIR

분해·조립의 포인트

- 에어코킹식 볼트액션 라이플 가운데 부품 수가 많은 편
- 노리쇠와 프론트 로어프레임을 분리하여야 이너바렐을 분리할 수 있다
- 조립시 인너 배럴을 아우터 배럴에 세팅할 때 가늘고 긴 봉이 있으면 편리
- 조립시 슬라이드와 연동하는 기어가 바르게 장착되어야 BB탄이 급탄된다
- 조립시 노리쇠를 리시버에 순서대로 넣어야 슬라이드와 연동된다

리시버의 분해

매거진(탄창)을 떼어낸다. 독자적 설계에 의한 급탄 시스템에 의해 리얼한 외관을 재현하고 있다.

방아쇠울을 고정하는 앞뒤 2개의 나사를 풀어 분리한다.

스토크에서 리시버 어셈블리를 떼어낸다.

트리거유닛 앞쪽의 노리쇠멈치를 빼낸다.

트리거유닛 앞쪽의 고정핀은 C링을 제거해야 풀 수 있다.

⚠ 스프링 분실주의

세이프티 레버(안전장치)를 고정하는 C링을 풀어 세이프티 레버, 클릭 스프링, 클릭볼을 떼어낸다.

⚠ 스프링 분실주의

트리거유닛 뒷쪽의 핀을 오른쪽에서 밀어내어 빼내면 리시버에서 트리거 유닛과 볼트 세이프티가 분리된다.

볼트 세이프티는 구멍이 있는 쪽이 앞쪽이다.

다나카의 독자적인 급탄시스템 노리쇠를 후퇴시키면 슬라이더가 연동해 후퇴하고 기어를 통해 연동되는 로딩플레이트가 전진, 챔버에 BB탄을 급탄한다.

노리쇠를 전진시키면 슬라이더와 노리쇠가 전진하며 BB탄을 고무챔버에 밀어넣는다. 한편 로딩플레이트는 후퇴하며 다음 BB탄을 매거진에서 챔버로 송탄할 준비를 마친다.

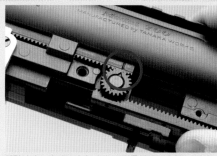

조립시에는 슬라이더와 기어, 로딩플레이트에 있는 표식이 일직선상에 오도록 한다.

리시버 왼편의 로딩플레이트를 고정하는 플레이트를 떼어 낸 후 로딩플레이트를 떼어낸다.

리시버 앞쪽의 방아쇠울 고정나사 고정부품을 풀어낸다.

리시버 왼편의 슬라이더와 로딩플레이트를 연결하는 기어 를 떼어낸다.

슬라이더를 떼어낸다.

노리쇠(볼트)를 떼어낸다.

⚙️ 배럴의 분해

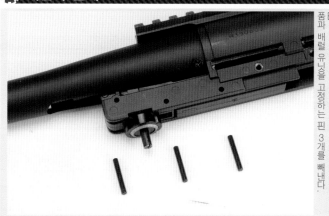

BB탄이 챔버로 이동하는 경로가 되는 바이패스 부 품과 배럴 유닛을 고정하는 핀 3개를 빼낸다.

리시버에서 바이패스를 떼어낸다.

⚠️ 스프링 분실주의

바이패스 오른편에는 스토퍼에 쓰이는 작은 스프링 이 있으므로 이를 분실하지 않도록 한다. 또한 조립 시 잊지 않도록 한다.

배럴 유닛을 뒤쪽으로 밀어낸다.

아우터 배럴을 리시버에 고정하는 접시나사를 풀어낸다.

리시버와 아우터 배럴을 분리한다.

리시버에서 배럴 유닛을 꺼낸다.

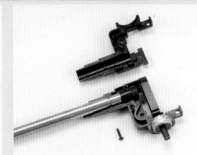

배럴 유닛을 꺼냈다. 긴 아우터 배럴에 비해 짧은 인너 배럴. 인너 배럴과 챔버를 고정시키는 부품은 유격방지용 스페이서의 역할을 겸한다.

스페이서는 나사를 풀듯 챔버에서 떼어낸다.

챔버를 고정하는 나사를 풀어 좌우로 분리한다.

✓ 부품구성 확인

챔버 안쪽의 부품구성. 손잡이 아랫면의 홉업 조절나사는 홉업 암을 통해 고무챔버에 힘을 가하게 된다.

챔버 오른편에서 인너 배럴을 떼어내고 고무챔버와 쿠션 및 쿠션덮개를 떼어낸다.

챔버 오른편에서 홉업 암과 드럼을 떼어낸다.

⚙ 트리거 유닛의 분해

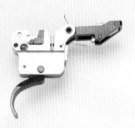

트리거 유닛은 실총의 형태를 재현하면서도 노리쇠멈치를 감싸듯 시어가 앞쪽으로 연장되어 있다.

방아쇠를 당기기 전 코킹된 상태의 시어. 노리쇠를 당기면 앞쪽의 시어가 내려가면서 피스톤은 프론트시어(은색부품)에 걸리게 된다.

방아쇠를 당기면 센터시어(검은색 부품)와 방아쇠의 연결이 풀리며 프론트시어와 함께 센터시어가 내려가며 피스톤이 전진, BB탄이 발사된다.

트리거유닛에서 센터시어를 떼어낸다.

아쇠 압력 및 스트로크를 조절할 수 있다. 트리거유닛 앞쪽의 나사를 조이고 풀어 방

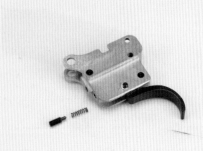

방아쇠압력 조절용 나사와 텐션스프링을 떼어낸다.

트리거유닛 뒷편에는 시어와 방아쇠 사이의 간격을 조절하는 나사가 있다.

다 방아쇠 고정핀을 빼내어 방아쇠를 분리한

볼트(노리쇠)의 조립

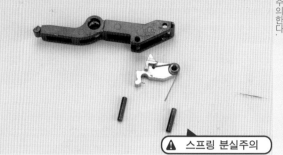

⚠ 스프링 분실주의

분리된 노리쇠. 실린더는 블랙 크롬 도금처리가 되어있다. 스트로크는 일반적인 볼트액션 에어코킹건에 비해 짧다.

센터 시어에서 프론트 시어를 떼어낸다. 시어 스프링을 잃어버리지 않도록 주의한다.

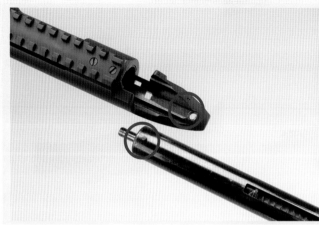

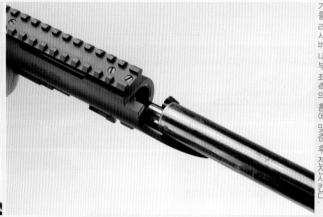

리시버에 노리쇠를 결합할 때 볼트 아랫편 앞쪽의 돌기를 리시버 내부 좌측의 홈에 맞춘 후 전진시키다.

중간정도 전진시킨 상태에서 노리쇠를 반시계방향으로 회전시켜 슬라이더가 있는 홈에 돌기를 맞춘다.

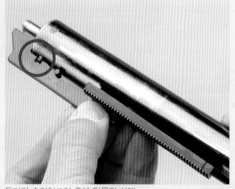

돌기가 슬라이드의 홈에 맞물린 상태.

리시버 왼편의 틈을 통해 슬라이더가 보이므로 맞물림을 확인할 수 있다.

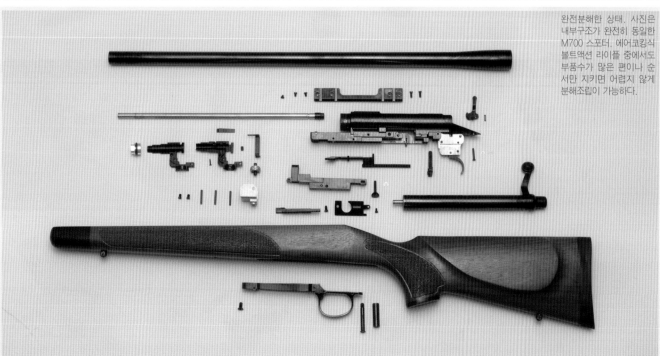

완전분해한 상태. 사진은 내부구조가 완전히 동일한 M700 스포터. 에어코킹식 볼트액션 라이플 중에서도 부품수가 많은 편이나 순서만 지키면 어렵지 않게 분해조립이 가능하다.

CM16
SR-XL

분해·조립의 포인트 👆

- MOSFET 회로를 버퍼튜브 내부에 탑재
- 분해방식은 기본적으로 G&G 아마먼트제 전동건과 대동소이
- 버퍼튜브 내부의 MOSFET을 분리해야 기어박스를 분리할 수 있음
- MOSFET을 감싸는 튜브를 벗기면 작업이 용이해짐
- 기어박스 고정나사는 왼편에서 풀게 되어 있으나 분해작업은 왼편을 아래로 두고 진행

⚙ 아우터 배럴의 분해

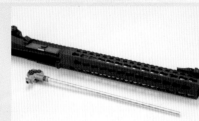

윗몸통과 아랫몸통을 결합시키는 몸통여결핀(피봇 핀)을 왼편에서 밀어낸다.

상부와 하부 몸통(어퍼/로워 리시버)이 분리된다.

상부몸통에서 인너 배럴을 꺼낸다.

14㎜ 역나사 규격으로 고정되는 소염기를 떼어낸다.

핸드가드를 고정하는 육각 접시나사는 좌우 아랫면에 모두 3개.

핸드가드를 떼어낸다.

가스블럭을 고정하는 나사를 풀어 가스블록 및 가스튜브를 떼어낸다.

배럴락 너트를 풀면 핸드가드 베이스가 빠진다. 배럴과 배럴락 너트 사이에는 유격방지링(심)이 있다.

상부 몸통에서 아우터 배럴을 떼어낸다.

⚙ 인너 배럴의 분해

홉업조절용 다이얼을 떼어낸다.

와셔를 뽑아 기어를 떼어낸다.

챔버 좌측의 가이드부품을 떼어낸다.

와셔를 뽑아 홉업암을 위아래로 움직이는 기어를 떼어낸다.

암 및 암 스프링과 쿠션을 떼어낸다.

U자형 스토퍼를 떼어낸다.

챔버에서 인너 배럴을 빼낸 후 유격방지 칼라 및 패킹을 떼어낸다.

⚙️ 기어박스의 분해

개머리판을 버퍼 튜브(스톡봉)로부터 분리한다.

버퍼튜브를 고정하는 나사를 풀어낸다.

버퍼튜브를 빼낸 후 흑색 및 적색의 커넥터를 분리한다.

⚠️ **전선 파손/절단에 주의**

MOSFET을 감싸는 튜브를 벗겨내어 MOSFET에 연결된 커넥터를 떼어낸다.

버퍼튜브에서 MOSFET을 떼어낸 후 버퍼튜브 및 슬링플레이트(멜빵고리 판)를 떼어낸다.

그립 덮개를 떼어낸다.

그립에서 모터를 떼어낸다.

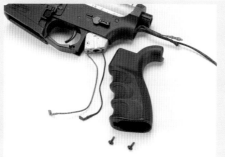

그립 안쪽의 나사 2개를 풀어 그립을 떼어낸다.

탄창 멈치 버튼을 떼어낸 후 탄창 멈치 및 탄창 멈치 스프링을 떼어낸다.

✅ **역회전방지핀 사용**

방아쇠 고정못은 역회전 방지핀이므로 우측에서 밀어낸다.

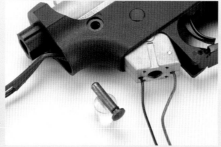

테익다운핀(결합못)을 왼쪽에서 밀어내어 빼낸다.

하부몸통에서 기어박스를 떼어낸다.

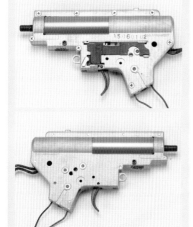

기어박스는 버전 2의 호환. 정밀도와 내구성은 충분하며, 나사를 왼쪽편에서 풀게 되어 있는 것이 특징.

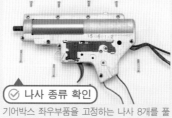

✅ **나사 종류 확인**

기어박스 좌우부품을 고정하는 나사 8개를 풀어준다.

⚠️ **스프링 튀어나감 주의**

터펫플레이트 등 기어박스 왼쪽부품에 세팅된 부품들이 있으므로 기어박스를 뒤집어 왼쪽편이 아래를 보게 한 후 열어준다.

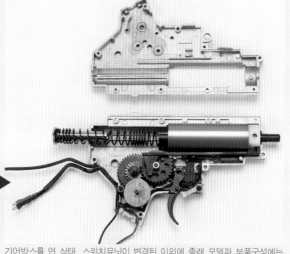

기어박스를 연 상태. 스위치유닛이 변경된 이외에 종래 모델과 부품구성에는 변동이 없다.

ARP9

- ●피스톨 캘리버 카빈 형태를 띤 컴팩트 M4
- ●기본분해 방법 및 기어박스의 구조는 CM16시리즈와 공통
- ●MOSFET를 제거하지 않고도 스톡튜브를 분리 가능
- ●드럼클릭식 흡업챔버를 채용
- ●조정간 커버는 접착되어 있으므로 무리한 분해시 파손될 수 있다

기본분해 / 상부 (어퍼) 리시버의 분해

상부와 하부 몸통을 결합하는 몸통연결못을 왼쪽에서 밀어 낸다.

상부와 하부 몸통이 분리된다.

상부몸통에서 인너 배럴을 떼어낸다.

14mm 역나사로 고정된 소염기를 뗀다.

핸드가드를 고정하는 육각나사 2개를 떼어낸다.

핸드가드를 떼어낸다.

핸드가드를 떼어낼 때, 핸드가드 베이스와 결합이 지나치게 단단할 경우 핸드가드 윗면 레일에 스코프마운트 등을 장착한 후 플라스틱 해머 등으로 가볍게 두들기면 된다.

M4용 렌치 등을 사용하여 배럴 락 너트를 풀어낸다.

핸드가드 베이스를 떼어낸다.

아우터 배럴을 떼어낸다. 배럴 기부와 핸드가드 기부는 일반적 전동 M4계열과 마찬가지의 형태이다.

볼트커버를 떼어낸다.

상부몸통에서 장전손잡이를 떼어낸다. 장전손잡이를 고정하는 태핑 나사를 풀어 장전손잡이를 떼어낸다.

더스트커버 로드(먼지덮개 고정축) 고정용 C링(화살표)를 정밀 드라이버 등을 사용하여 빼낸다.

더스트커버 로드를 빼내어 더스트커버 및 스프링을 떼어낸다.

노리쇠전진기를 고정하는 스프링핀을 핀 펀치등을 사용하여 빼낸 후 노리쇠전진기 및 스프링을 떼어낸다.

⚙ 인너 배럴의 분해

배럴 스프링과 황동제 칼라를 떼어낸다.

홉업 암을 고정하는 핀을 왼쪽편에서 밀어내어 홉업 암, 홉업 텐셔너 및 홉업 암 스프링을 떼어낸다.

⚠ 스프링 튀어나감 주의

배럴 클립을 떼어낸다.

챔버 좌측의 가이드부품을 떼어낸다.

⚙ 하부 (로워) 리시버와 기어박스의 분리

개머리판 고정레버를 누른 상태로 개머리판을 뒤쪽으로 빼낸다.

스톡 튜브 뒤쪽의 엔드캡을 떼어낸다.

스톡 튜브를 고정하는 나사와 나사판을 떼어낸다.

하부 몸통에서 스톡 튜브를 떼어낸다. ARP9은 MOSFET을 제거하지 않고도 스톡 튜브를 떼어낼 수 있다.

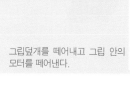

그립덮개를 떼어내고 그립 안의 모터를 떼어낸다.

⚠ 전선파손 주의

그립 안의 나사 2개를 풀어 그립을 풀어낸다.

🔧 기어박스의 분해

✅ 역회전 방지핀 사용

방아쇠 고정못을 오른편에서 밀어내어 빼낸다.

⚠️ 전선 파손주의

테익다운 핀을 왼쪽에서 밀어내어 빼낸다.

조정간을 그림과 같이 안전과 단발 사이에 두고 하부몸통에서 기어박스를 떼어낸다.

기어박스는 G&G 아마먼트의 M4계 전동건에 공통적으로 사용되는 것.

기어박스 왼편에 있는 짧은 나사 4개와 긴 나사 4개를 풀어낸다.

⚠️ 스프링 튀어나감 주의

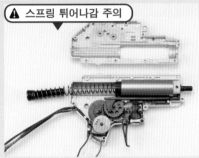

기어박스를 뒤집어 왼편을 아래로 두고 기어박스를 열어준다. 이제 일반적이라 할 전자식 트리거(방아쇠)가 표준장비되어 있다.

🔧 하부 리시버의 분해

⚠️ 스프링 분실 주의

노리쇠멈치를 고정하는 핀을 앞에서 뒷쪽으로 밀어내어 노리쇠멈치를 떼어낸다. 노리쇠멈치 뒷면에는 작은 스프링이 있으므로 분실하지 않도록 주의한다.

방아쇠울을 고정하는 스프링핀을 빼내고 방아쇠울 앞쪽 오른편의 잠금핀을 핀 펀치등으로 눌러 방아쇠울을 떼어낸다.

탄창멈치를 고정하는 핀을 빼내어(좌우 어디에서 뽑아도 됨) 탄창멈치 및 탄창멈치 스프링을 떼어낸다.

⚠️ 스프링 튀어나감 주의

몸통 연결못을 끝까지 밀어낸 후 몸통 연결못 왼쪽의 작은 구멍(화살표)에 가는 핀 등을 꽂아 몸통의 플런저 핀을 밀어낸 상태로 당기면 분리된다.

⚠️ 셀렉터 커버 파손주의

몸통 오른편의 조정간 커버는 몸통부품에 접착되어 있으므로 안쪽에 핀펀치 등을 대고 가볍게 두들겨 떼어낸다. 플라스틱 부품으로 파손의 위험이 있으므로 권장하지 않는다.

⚠️ 스프링 / 클릭볼 분실주의

조정간커버를 떼어낸 구멍을 통해 드라이버를 사용하여 조정간을 풀어낸다. 조정간 뒷면에 클릭볼 및 클릭스프링이 세팅되어 있으므로 분실하지 않도록 주의한다.

G&G 아마먼트

TR16
MBR556WH

분해·조립의 포인트 👆

- G2기어박스와 MOSFET을 탑재한 플래그십 모델
- 실총과 마찬가지로 부품 숫자가 적고 심플한 구조
- 기본 분해법은 ARP9등과 동일
- 드럼클릭식 홉업 챔버 탑재
- 좌우 조정간을 분리해야 기어박스가 분리됨

몸통연결못(테익다운 핀)을 빼면 상부와 하부몸통(로워/어퍼 리시버)이 분리된다

인너배럴 어셈블리를 떼어낸다.

개머리판을 떼어낸다.

그립덮개를 떼어내고 모터를 떼어낸다.

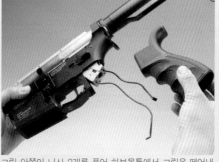

그립 안쪽의 나사 2개를 풀어 하부몸통에서 그립을 떼어낸다.

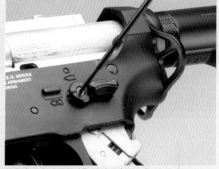

좌측과 우측의 조정간을 떼어낸다(좌측을 먼저).

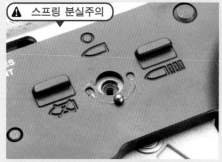

⚠ 스프링 분실주의

조정간 안쪽에 클릭볼과 클릭 스프링이 내장되어 있으므로 분실하지 않도록 주의한다.

버퍼튜브 안쪽의 나사를 풀기 위해서는 긴 플러스(+) 드라이버가 필요하다.

노리쇠멈치를 고정하는 핀을 핀 펀치등을 사용하여 빼낸다.

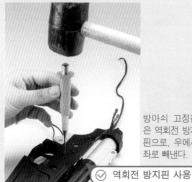

방아쇠 고정핀은 역회전 방지핀으로, 우에서 좌로 빼낸다.

✔ 역회전 방지핀 사용

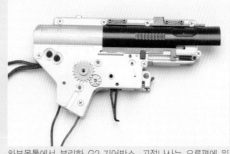

하부몸통에서 분리한 G2 기어박스. 고정나사는 오른편에 위치한다.

G2 기어박스에는 전자식 트리거와 MOSFET 외에도 급탄되지 않을 때 발사를 막는 기능이 추가되어 있다.

PDW15 CQB

분해·조립의 포인트

- 빌트인 사일렌서와 PDW스톡이 부착된 모델
- 드럼클릭식 홉업챔버를 탑재
- 핸드가드를 고정하는 나사가 고착되어 있는 경우가 있다
- 핸드가드 베이스와 핸드가드가 단단히 맞물려 있는 경우가 있다
- 기어박스의 분해조립은 ARP9등과 동일

몸통연결못(테익다운 핀)을 빼면 상부와 하부 몸통(리시버)이 분리된다.

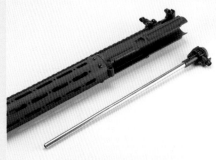

상부몸통에서 인너 배럴 어셈블리를 떼어낸다.

⚠ 나사 고착 주의

핸드가드를 고정하고 있는 나사를 풀어준다. 경우에 따라 나사가 고착되어 있는(너무 세게 조여진) 경우가 있어 나사 머리를 파손시키지 않도록 주의한다.

⚠ 분리시 주의

배럴 베이스에서 핸드가드를 떼어낸다. 핸드가드 베이스와 유격없이 빡빡히 끼워진 경우가. 있는데, 이러한 경우 레일에 마운트베이스 등을 결합시킨 뒤 플라스틱 해머 등으로 두들겨 천천히 분리하도록 한다.

⊘ 전용공구필요

아우터 배럴에서 가스블록과 가스튜브를 제거. 그 뒤 배럴 락 너트는 앞쪽의 평평한 부분에 M4용 렌치를 물려 결합을 풀고, 어느 정도 느슨해지면 손으로 돌려 빼내도록 한다.

상부몸통에서 아우터 배럴, 배럴 락 너트와 핸드가드 베이스를 떼어낸다.

그립덮개를 빼고 그립 안쪽의 모터를 떼어낸다.

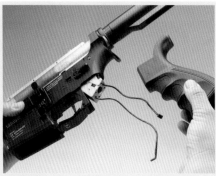

그립 안쪽의 고정나사를 풀고 그립도 떼어낸다.

스톡파이프를 고정하는 나사를 풀어 스톡과 스톡파이프를 함께 떼어낸다. 배터리 단자도 분리한다.

⊘ 역회전방지핀 사용

테익다운 핀과 방아쇠 고정못(역회전 방지핀)을 빼내어 하부몸동에서 기어박스를 떼어낸다.

⚠ 스프링 튀어나감 주의

기어박스 왼편의 고정나사를 모두 푼 후 뒤집어 기어박스 오른편 부품을 열어준다. 이 때 스프링 가이드 뒷쪽을 펀치나 드라이버 등으로 붙잡아 스프링이 튀어나가지 않도록 한다.

KRYTAC

TRIDENT Mk2 SPR-M

분해・조립의 포인트 👆

- 반복된 분해조립에도 세팅이 유지되도록 설계
- 스프링 및 스프링가이드는 기어박스를 분해하지 않고 분리가능
- 구조가 간단하여 분해조립이 간편한 좌우연동형 조정간
- 배럴 클립이 파손되기 쉬우므로 분해시 무리한 힘을 가하지 않도록
- 흡업암 핀을 분실하기 쉽다

핸드가드의 분해

몸통 앞쪽의 프레임 락 핀을 고정하는 나사를 풀어 프레임 락 핀을 빼낸다.

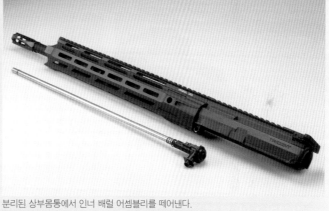

분리된 상부몸통에서 인너 배럴 어셈블리를 떼어낸다.

14mm 역나사로 고정된 소염기는 아랫쪽의 고정나사를 풀어준 뒤 떼어낸다.

핸드가드를 고정하고 있는 나사 2개를 풀어준다.

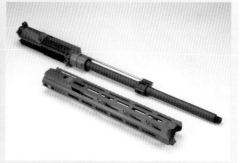

핸드가드를 앞쪽으로 빼낸다.

가스튜브를 고정하는 나사 2개를 풀어 떼어낸다.

⊘ 전용공구필요

M4카빈용 렌치를 사용하여 배럴 넛을 떼어낸다.

⚙ 인너 배럴의 분해

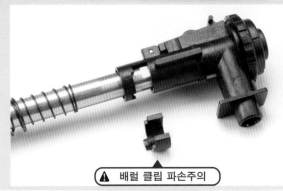

순정 인너 배럴은 416㎜ 길이로, 아우터 배럴(16인치)과 거의 같다. 기어박스의 세팅은 이 길이에 맞도록 되어있다.

홉업유닛과 인너 배럴을 분리할 때는 다이얼 위치를 0에 둔 상태로 배럴 클립을 떼어낸다. 과도한 힘을 가하면 파손될 염려가 있으므로 조심스럽게 작업한다.

⚠ 배럴 클립 파손주의

⚠ 홉업암 핀 분실주의

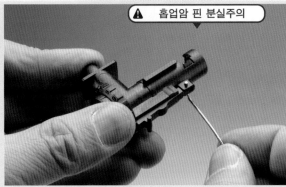

홉업 유닛으로부터 인너 배럴 챔버 패킹. 스프링을 떼어낸다.

다이얼 부분은 분리할 수 없으며, 홉업부셔션을 분리하려면 우선 홉업 암을 고정하는 작은 핀을 사무용 핀 등을 사용하여 빼낸다.

홉업챔버 유닛에서 홉업 암을 떼어낸다.

홉업쿠션은 표준박과 같은 모양의 것으로 홉업암과 결합되어 인너 배럴을 제거해도 제자리에 있도록 되어 있다.

⚙ 기어박스의 분해

⚠ 전선파손주의

스톡 릴리즈 레버를 최대한 내린 상태로 개머리판을 당겨 떼어낸다.

길이가 긴 플러스(+) 드라이버를 사용하여 버퍼튜브를 고정하는 나사를 풀어준다.

전선이 상하지 않도록 주의하면서 버퍼튜브 및 슬링 플레이트를 떼어낸다.

버퍼튜브를 고정하는 나사판에는 버퍼튜브 내부의 돌기에 맞물리는 홈이 파여있다. 분해 조립이 편해지는 동시에 전선도 보호하는 기능하도록 된 우수한 아이디어이다.

그립덮개를 열고 모터를 떼어낸다.

그립을 고정하는 나사 2개를 풀어 그립을 떼어낸다.

탄창멈치를 떼어낸다.

노리쇠멈치를 떼어낸다.

프레임 락 핀을 빼낸다.

오른편의 조정간을 떼어낸다.

✓ 역회전방지핀 사용

방아쇠 고정못은 역회전 방지핀으로 우측에서 밀어 빼낸다.

조정간을 단발 위치에 두고 하부 몸통에서 기어박스를 떼어낸다.

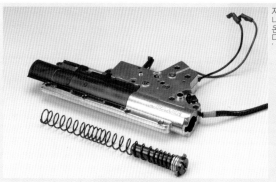

기어박스 뒷쪽의 스프링가이드를 일자(─) 드라이버 등으로 90도 돌리면 스프링이 빠져나온다.

왼편의 조정간과 연동되는 오른편의 조정간 기어 2개를 떼어낸다.

기어박스 왼편의 챔버커버와 노리쇠멈치를 연동시키는 플라스틱제 부품을 떼어낸다.

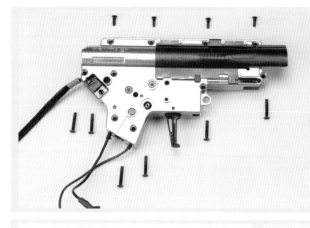

좌우 기어박스를 고정하는 나사 10개를 풀어준다.

기어박스를 열어 내부를 본다. MOSFET유닛이 기어박스 뒷쪽에 컴팩트하게 수납되어 있는 것이 보인다. 스프링과 스프링가이드는 참고로 배치한 것.

기어박스 내부의 실린더와 피스톤 관련부품. 416mm라는 긴 배럴 길이에 맞추어 단축형 타입의 실린더, 비교적 약한 스프링, 피스톤 스트로크가 짧은 전용 실린더 헤드 등이 사용되었다.

스퍼기어는 심 없이 유격자동조정기능이 붙은 전용부품. 섹터기어도 마찬가지로 원래의 노멀상태 그대로 사용하였다.

⚠ 부품방향 확인

하부몸통에 기어박스를 삽입할 때 조정간 기어와 조정간을 단발위치에 둔다.

CXP-MMR카빈

👆 분해 · 조립의 포인트

- ICS에어소프트 독자설계의 분리형 기어박스를 사용
- 역회전 방지 래치 해제기능 탑재
- 분해조립은 기본적으로 일반적인 전동M4계열과 동일
- 아우터 배럴을 고정하는 아우터 배럴링은 상부몸통이 아닌 핸드가드링에 고정
- 조립시 하부 기어박스 앞쪽의 걸쇠의 방향에 주의

⚙️ 기본분해 / 배럴의 분해

리어 리시버핀을 왼쪽에서 밀어낸 후 몸통을 상부와 하부로 열어준다.

장전손잡이를 당기면 상부몸통에서 상부 기어박스가 분리된다.

상부몸통에서 인너 배럴을 빼낸다.

프론트 리시버 핀을 왼쪽에서 밀어내어 몸통의 상하부를 분리한다.

핸드가드 결합부의 육각볼트 2개를 풀어낸다.

핸드가드를 앞쪽으로 빼낸다.

소염기 아랫면의 나사를 풀고 반시계방향으로 돌려 떼어낸다.

아우터 배럴 가운데의, 아우터 배럴의 유격을 잡아주는 가이드부품을 떼어낸다.

✅ 전용공구필요
아우터 배럴을 고정하는 아우터 배럴 링을 전용공구를 사용하여 떼어낸다. 일반적으로 아우터 배럴 링은 상부몸통에 고정되어 있으나 ICS에어소프트는 핸드가드 링에 고정된다.

✅ 전용공구필요
핸드가드를 고정하는 핸드가드링을 전용공구로 풀어낸다. 아우터 배럴 링과 핸드가드 링의 이중구조를 이루고 있다. 상부몸통의 배럴 연결부위는 일반적인 M4계열 전동건과 동일하다.

챔버에 인너 배럴을 고정하는 U자형 클립과 스프링을 떼어낸다.

챔버에서 인너 배럴 및 홉업챔버를 떼어낸다.

인너 배럴에서 홉업챔버 및 유격방지용 O링을 떼어낸다.

홉업레버를 고정하는 핀은 탈락방지용 E링에 의해 고정되어 있다. 이를 제거한 후 홉업레버 및 홉업쿠션을 떼어낸다.

⚙ 상부 기어박스의 분해

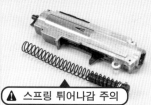

☑ 조립시 나사길이 확인

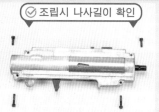
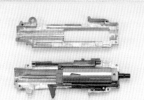

⚠ **스프링 튀어나감 주의**

스프링 가이드를 일자드라이버 등으로 약간 누른 뒤 돌려 스프링 가이드의 돌기와 기어 박스의 홈을 맞추면 스프링과 스프링 가이드가 분리된다.

피스톤과 연동되어 움직이는 가이드에 부착된 더미볼트를 떼어낸다.

상부 기어박스를 고정하는 나사 4개를 풀어 낸다. 나사는 위쪽에 짧은 것, 아래쪽에 긴 것이므로 조립시 주의한다.

상부 기어박스를 열어준다. 윗면의 가이드를 떼어내고, 일반적인 전동건과 마찬가지의 요령으로 각 부품을 떼어낸다.

⚙ 하부 기어박스의 분해

스톡 릴리즈 레버를 내린 채 뒤로 당겨 개머리판을 총에서 떼어낸다.

스톡 튜브 아랫면의 튜브레일을 고정하는 나사 3개를 풀어 내어 튜브레일을 떼어낸다.

스톡 튜브를 고정하는 나사를 풀어 하부몸통에서 떼어낸다.

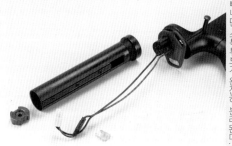

퓨즈를 떼어낸 후 스톡튜브가 완전히 분리된다. 빼내면 스톡튜브가 완전히 분리된다. 전선을

슬링 스위벌 플레이트를 떼어낸다

그립 덮개를 떼어내어 그립에서 모터를 빼낸다.

그립을 떼어낸다. 전선을 상하게 하지 않도록 주의한다.

⚠ **전선파손주의**

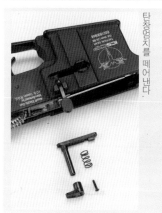
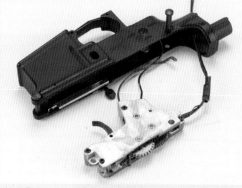
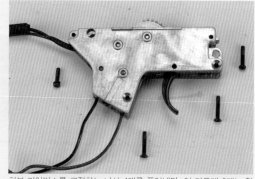

탄창멈치를 떼어낸다.

하부몸통에서 하부 기어박스를 떼어낸다.

하부 기어박스를 고정하는 나사 4개를 풀어낸다. 이 가운데 2개는 접시나사.

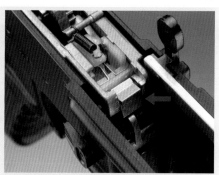

하부 기어박스를 열어준다.

ICS 에어소프트의 특징중 하나로, 조정간을 안전에 두면 역회전 방지래치가 풀리는 시스템. 화살표로 표시된 부품이 역회전 방지 래치와 연동되어 조정간이 안전위치가 되면 부품이 앞쪽으로 회전하며 역회전 방지 래치가 작동한다.

하부 기어박스 앞쪽에는 상부 기어박스와 단단히 맞물리도록 금속제 걸쇠(화살표)가 장착되어 있는데, 조립시 방향이 틀리지 않도록 한다.

허니 배저
롱 버전

분해·조립의 포인트 👆

- FPS게임 등에 등장하는 허니 배저의 이미지를 채용한 ARES의 오리지널 전동건
- 기어박스 역시 일부를 제외하고 버전2와 호환되지 않는 오리지널
- 기어박스를 분해하지 않은 채로 스프링 및 스프링가이드의 분리가 가능
- 기어박스 옆면의 EFCS 및 센서기판이 노출되어 있으므로 파손에 주의
- 기사에 사용된 샘플의 경우 아우터 배럴에서 사일렌서를 떼어낼 수 없었다

⚙ 상부 몸통의 분해

몸통 연결못(테익다운 핀)을 왼쪽으로 밀어 빼낸다.

몸통 연결못을 뽑으면 상부와 하부 몸통이 분리된다.

상부몸통에서 인너 배럴을 떼어낸다.

핸드가드 상면의 액세서리 레일을 떼어낸다.

핸드가드와 배럴 넛을 고정하는 육각볼트를 풀어낸다.

핸드가드를 앞쪽으로 밀어 빼낸다. 이번에 사용된 제품에서는 사일렌서가 강하게 고정되어 있어 분리할 수 없었다.

배럴 넛을 풀어낸다.

상부몸통에서 아우터 배럴을 떼어낸다.

⚙ 인너 배럴의 분해

홉업 다이얼을 고정하는 O링을 빼면 다이얼이 분리된다.

홉업 암을 고정하는 핀을 빼내어 홉업 암을 분리한다.

U자형 부품을 빼내어 챔버에서 인너 배럴을 빼낸다.

인너 배럴에서 패킹 및 유격방지부품을 떼어낸다.

기어박스의 분해

개머리판 고정 버튼을 끝까지 누르면서 개머리판을 빼낸다.

버퍼튜브 캡을 떼어낸다.

버퍼튜브를 고정하는 나사를 풀어 버퍼튜브를 떼어낸다.

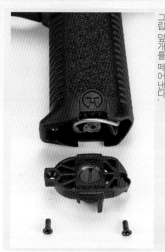

그립 덮개를 떼어낸다.

그립에서 모터를 떼어낸다.

그립 안의 고정 나사 4개를 풀어 그립을 떼어낸다.

탄창멈치 및 스프링, 탄창멈치 버튼을 떼어낸다.

방아쇠 고정못과 분해못을 빼낸다.

⚠ 스프링 튀어나감 주의

메인스프링 가이드는 기어박스에 나사처럼 고정되어 있으므로 육각렌치를 사용하여 풀어내면 기어박스에서 빼낼 수 있다.

하부몸통에서 기어박스를 떼어낸다.

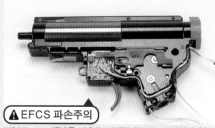

⚠ EFCS 파손주의

기어박스는 버전2를 기초로 설계된 것으로, 분해하지 않아도 스프링을 교환할 수 있도록 하는 등 버전2와 호환되지는 않는다. 전선은 왼쪽면 바깥쪽을 따라 배치되어 있고, EFCS도 노출되어 있다. 조립 및 분해시에 주의를 기울이도록 한다.

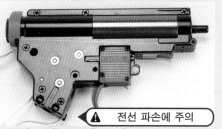

⚠ 전선 파손에 주의

하부몸통과 기어박스간 유격을 메우는 커버를 떼어낸다.

⚠ 센서기판 파손주의

기어박스 오른편의 센서기판을 떼어낸다.

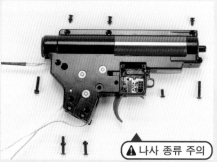

⚠ 나사 종류 주의

기어박스를 고정하는 나사 8개를 풀어낸다. 나사 길이가 장소에 따라 약간씩 다르므로 조립시에 유의한다.

기어박스를 열어준다. 기어 및 피스톤, 실린더 등은 버전2와 호환되는 듯 하다. 기판이 설치되는 관계로 방아쇠 스프링은 뒤쪽에 설치되어 있다.

M870
M스타일 택티컬
풀메탈 쇼트 블랙

👆 분해 · 조립의 포인트

- 기본 구조는 도쿄마루이의 M3 수퍼90과 흡사하다
- 바리에이션이 풍부하며 플라스틱버전과 메탈버전이 따로 발매되었다
- 나사가 많이 사용되므로 조립시 유의한다
- 조립시 실린더 리턴스프링을 잊지 않도록 한다
- 매거진튜브를 고정하는 나사와 너트를 고정하는 작업이 매우 어려우나, 이들이 없어도 매거진튜브는 고정이 가능

⚙ 개머리판의 분해

왼쪽의 나사 2개를 풀어 사이드 쉘 캐리어를 떼어낸다. 신품상태에서는 분리된 상태로 포장되어 있다.

그립 윗쪽의 고무커버를 드라이버등으로 힘을 주어 떼어낸다.

커버를 떼어낸 부분 안쪽에 있는 육각볼트를 풀어낸다.

개머리판을 떼어낸다.

개머리판 왼편의 육각볼트 2개를 풀면 버트플레이트가 분리된다.

버트플레이트의 길이조절용 스페이서중 하나만 쓸 수 있다.

우측몸통의 나사 2개를 풀어낸다.

✅ 역회전 빙지핀 사용

매거진커버 뒷쪽의 역회전 방지핀을 밀어낸다. 이것은 좌우 어느 쪽에서 밀어내도 관계없다.

✅ 역회전 방지핀 사용

트리거 하우징 뒤 위쪽의 역회전 방지핀을 밀어낸다.

리시버(몸통)의 분해

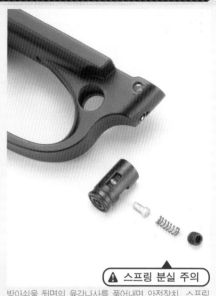

⚠ 스프링 분실 주의

방아쇠울을 아래쪽으로 당겨 떼어낸다.

방아쇠울 윗면 내부의 작은 나사 2개를 풀어 매거진캐치 (탄창멈치)를 떼어낸다.

방아쇠울 뒷면의 육각나사를 풀어내면 안전장치, 스프링 및 플런저가 분리된다.

⚠ 부품 튀어나감 주의

방아쇠를 고정하는 나사 2개를 풀어 방아쇠를 떼어낸다.

리시버에서 인너 섀시를 뽑아낼 때 더미 볼트와 액션 바 락이 튀어나갈수도 있으니 약간 나왔을 때 손가락으로 누르면서 나머지 작업을 하기 바란다.

인너 섀시에서 리시버(몸통)와 더미 볼트&리턴 스프링을 떼어낸 모습.

⚠ 부품 튀어나감 주의

액션바 락을 떼어낸 모습. 안쪽에 스프링이 끼워져 있다.

액션바 락은 사진과 같은 방향으로 세팅된다. 조립시에도 튀어나가지 않도록 손가락으로 눌러주며 몸통에 삽입한다.

마운트베이스를 몸통에 고정하는 나사 3개를 풀어 리시버에서 마운트를 떼어낸다.

배럴의 분해

소염기를 떼어낸다.

매거진 엔드캡 및 스위벨 플레이트를 떼어낸다.

포어엔드 아랫면의 나사 2개를 풀어낸다.

🔧 포어엔드의 분해

포어엔드를 아래쪽으로 당겨 떼어낸다.

아우터 배럴 연결부위 좌우의 나사 2개를 풀어낸다.

매거진 튜브 커버를 좌우에서 고정하는 나사를 풀어낸다.

액션바와 포어엔드 베이스를 고정하는 나사 4개를 풀어낸다.

매거진 튜브 커버를 앞쪽으로 밀어내면 좌우 각 2개씩의 나사가 보인다.

이들 나사 모두 4개를 풀어낸다.

인너 섀시와 배럴 어셈블리를 분리한다.

매거진 튜브 커버를 떼어낸다.

매거진 튜브와 포어엔드 베이스를 떼어낸다.

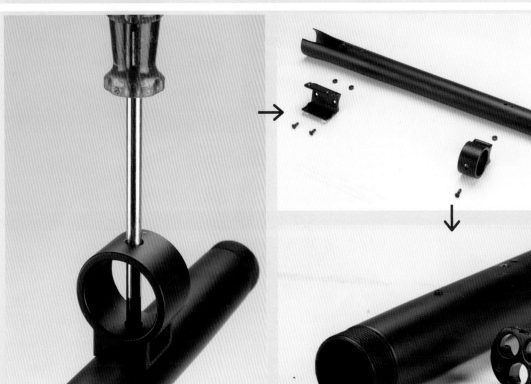

매거진 튜브 베이스 아랫면의 구멍을 통해 십자(+) 드라이버를 꽂아넣어 매거진 튜브 베이스 안쪽의 나사를 풀어낸다.

ㄷ자모양의 배럴 베이스, 매거진 튜브 베이스, 아우터 배럴 내부의 너트 등이 분리된다. 조립시 이 너트가 매우 조립이 어려우나, 매거진 튜브 베이스는 매거진 튜브 캡으로 고정되므로 반드시 필요하지는 않다. 아우터 배럴 안쪽에 인너 배럴을 고정하는 플라스틱 부품은 총구 방향에서 막대기 등을 넣어 뒤쪽으로 밀어내어 분리한다.

인너 섀시의 분해

부품 방향 확인

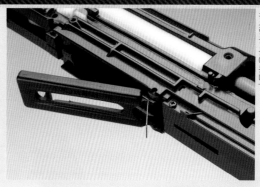

매거진 커버를 고정하는 락 레버를 핀펀치 등으로 눌러 열어준다.

스프링을 풀어둔다. 매거진 커버 작동부위에 있는 매거진 커버

좌우의 액션바를 떼어낸다. 각각 앞뒤방향의 구분이 있으므로 조립시 주의한다.

나사 위치 확인

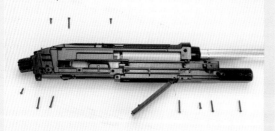

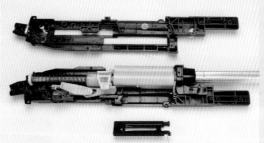

인너 섀시를 고정하는 나사 10개를 풀어낸다. 풀면서 각 나사의 위치를 확인해 둔다.

인너 섀시를 조심스럽게 연다. 메인스프링은 고정되어 있어 튀어나갈 염려는 없다. 매거진커버도 떼어낸다.

매거진 캐치(탄창멈치)및 스프링을 떼어낸다.

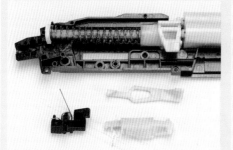

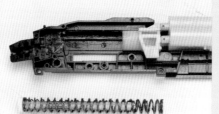

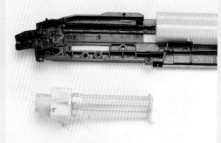

매거진 베이스와 스프링, 시어, 커넥터를 떼어낸다.

메인스프링, 스프링가이드를 떼어낸다.

피스톤을 떼어낸다.

⚠ 스프링 잊지 말고 조립

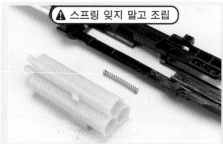

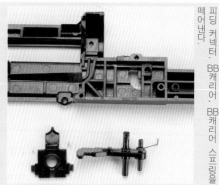

실린더와 실린더 왼편의 리턴스프링을 떼어낸다. 조립시 실린더 리턴스프링을 잊지 않도록 한다.

인너 섀시에서 인너 배럴 어셈블리를 떼어낸다.

피딩 커넥터·BB 캐리어·BB 캐리어 스프링을 떼어낸다.

인너 배럴 베이스에 로딩게이트를 고정하는 나사 2개를 풀어 로딩게이트를 떼어낸다.

인너 배럴 베이스를 앞쪽으로 빼내고 챔버에서 인너 배럴 및 홉업챔버를 빼낸다.

호크아이
영식

분해·조립의 포인트

- 타니오 코바의 가스 블로우백 10/22시리즈의 직계자손
- 가스 블로우백으로서는 간단한 구조
- 상부 레일에 홉업조정 관련부품이 숨어있다

- 조립시 노리쇠멈치와 스프링의 방향에 주의한다
- 조립시 방아쇠울 안쪽의 부품을 순서에 맞게 조립한다

기본분해 / 리시버(몸통)의 분해

가늠자와 가늠쇠를 떼어낸다.

탄창삽입구 앞과 몸통 상부 뒤쪽의 고정나사를 풀어낸다.

몸통에서 리시버 및 배럴 어셈블리를 떼어낸다.

그립 안쪽의 육각볼트를 풀어 그립을 떼어낸다.

방아쇠울을 리시버에 고정하는 핀 3개를 빼낸다. 이들중 한 개의 굵기가 다르므로 조립시 주의한다.

리시버에서 방아쇠 뭉치를 떼어낸다.

노리쇠를 후퇴시키면서 살짝 들어올리면 노리쇠 손잡이와의 결합이 풀린다.

리시버에서 노리쇠를 떼어낸다.

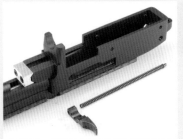

리시버에서 리코일스프링 및 가이드록, 노리쇠 손잡이를 떼어낸다.

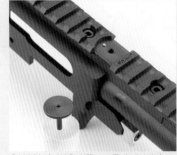

홉업조절 다이얼을 왼쪽으로 돌려 떼어낸다.

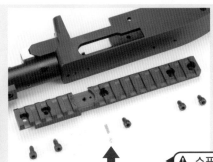

상부 레일을 고정하는 다섯개의 육각볼트(총구 방향의 2개의 길이가 길다)를 풀어 떼어낸다. 홉업다이얼을 떼어낸 부분 뒷편에 홉업조절 관련부품이 숨어있으므로 분실하거나 조립시 잊지 않도록 한다.

⚠ **스프링 튀어나감 주의**

배럴 윗면에 장착된 레일을 떼어낸다.

배럴을 고정하는 리시버 앞쪽의 배럴 리테이너를 떼어낸다.

배럴은 리시버에 단순히 끼워져 있을 뿐이므로 당겨서 빼낼 수 있다.

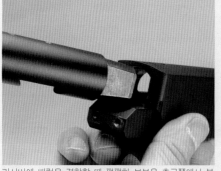

리시버에 배럴을 결합할 때 평평한 부분을 총구쪽에서 볼 때 우측에 오도록 한다.

⚠ 스프링 튀어나감 주의

화살표 부분의 핀을 빼내어 리시버 안의 노리쇠멈치 및 스프링을 떼어낸다.

아우터 배럴에서 인너 배럴을 빼낸다.

인너 배럴 너트를 풀어 챔버를 떼어낸다.

인너 배럴에서 홉업고무, 인너 배럴 너트를 떼어낸다.

노리쇠(볼트) 뒷편의 노리쇠핀을 빼낸다.

노리쇠에서 실린더를 떼어낸다.

실린더 밸브와 실린더 밸브스프링을 고정하는 핀을 빼내어 실린더로부터 실린더밸브 및 피스톤을 떼어낸다. 또한 실린더스프링은 피스톤핀을 빼내면 피스톤에서 분리된다.

⚙ 트리거가드 (방아쇠뭉치) 의 분해 ⚠ 스프링 튀어나감 주의

탄창멈치 핀을 빼내어 탄창멈치와 스프링을 떼어낸다.

해머핀을 빼내어 해머 및 스프링, 스트럿을 떼어낸다.

밸브노커핀을 빼내어 밸브노커, 밸브노커 락, 매거진 캐치 블록을 떼어낸다.

방아쇠 고정못을 빼내어 방아쇠를 떼어내고, 방아쇠에 고정된 디스커넥터 핀을 빼내어 디스커넥터와 시어를 떼어낸다.

에어 소프트 해체신서

The Book of Toyguns Disassembly — 배럴, 기어박스, 블로우백 엔진…

HOBBY JAPAN MOOK

Arms MAGAZINE
SPECIAL ISSUE

STAFF

EDITOR

Daisuke Kano

Haruka Nakajima

PHOTO

Hisayoshi Tamai

DESIGN WORKS

Daisuke Sugawara (TURBo)

Noriko Ohkubo

에어소프트 해체신서

한국어판 발행일   **2021년 4월 8일**
한국어판 발행   **멀티매니아 호비스트**

발행처 주소/연락처 서울시 성동구 성수이로 118 성수 아카데미 타워 1219호, 전화 02)989-5311
본서의 내용 및 사진을 무단으로 사용할 경우 저작권법 위반으로 처벌받습니다.
ISBN 978-89-85578-73-8

원본 : 일본 호비저팬사 발간 TOYGUN KAITAI SHINSHO ⓒHOBBYJAPAN
한국어판 번역 홍희범 , 이상민